高等学校公共基础课系列教材

大学物理基础实验

主　编　李永宏　王小平

参　编　姜其畅　马紫微　郑　伟

　　　　郭俊华　马瑞婧　黄　丽

　　　　苏江波　苏艳丽　高　倩

西安电子科技大学出版社

内 容 简 介

本书主要用于大学物理基础性实验课程，介绍了大学基础物理实验的实验原理、实验仪器和实验步骤，共涉及 34 个实验。全书分为 6 章，具体内容包括第 1 章绪论、第 2 章测量误差与实验数据处理、第 3 章力学实验、第 4 章热学实验、第 5 章电磁学实验和第 6 章光学实验。

本书可作为综合性大学理工科、师范院校各专业的大学物理实验课程的教学用书。

图书在版编目(CIP)数据

大学物理基础实验/李永宏，王小平主编. —西安：西安电子科技大学出版社，2020.8
(2024.8 重印)
ISBN 978 - 7 - 5606 - 5842 - 1

Ⅰ. ① 大…　Ⅱ. ① 李…　② 王…　Ⅲ. ① 物理学—实验—高等学校—教材
Ⅳ. ① O4 - 33

中国版本图书馆 CIP 数据核字(2020)第 144641 号

策　　划　万晶晶　刘统军
责任编辑　万晶晶
出版发行　西安电子科技大学出版社(西安市太白南路 2 号)
电　　话　(029)88202421　88201467　　　邮　　编　710071
网　　址　www.xduph.com　　　　　　　电子邮箱　xdupfxb001@163.com
经　　销　新华书店
印刷单位　陕西博文印务有限责任公司
版　　次　2020 年 8 月第 1 版　2024 年 8 月第 6 次印刷
开　　本　787 毫米×1092 毫米　1/16　印张 10.5
字　　数　246 千字
定　　价　35.00 元
ISBN 978 - 7 - 5606 - 5842 - 1
XDUP　6144001 - 6

前　言

"大学物理实验"课程是对高等学校理工科专业学生进行科学训练的一门必修基础课程，是大学物理课程的重要组成部分，是学生进入大学后受到的系统实验方法和实验技能训练的开端，是理工科类专业学生进行科学实验训练的重要基础，在培养学生的实验能力、动手能力和创新能力等方面都有着不可替代的作用。

本书编写定位于基础性实验，主要介绍大学物理基础实验的实验原理、实验仪器和实验步骤，书中共选择了 34 个实验项目，包含力学、热学、电磁学、光学等内容。在编写过程中，编者尽可能做到实验目的明确、实验原理清楚、实验步骤详细具体。每个实验项目后面都附有数据处理的相关表格，旨在使学生撰写的实验报告统一规范。每个实验项目都设置了实验过程的"注意事项"和实验后的"分析思考"。"注意事项"可以提醒学生在实验前做好相关准备，以便实验过程中规范操作。"分析思考"可以促使学生在实验后对实验内容进行思考和总结。

本书汇集了运城学院物理教研室一线实验教师和实验员的辛勤劳动成果。本书是根据课程培养方案的要求，结合本校的实验条件，在使用多年的大学物理实验讲义的基础上编写的。第 1 章由李永宏和苏江波编写；第 2 章由郑伟和李永宏编写；第 3 章由王小平和郭俊华编写；第 4 章由王小平和马紫微编写；第 5 章由李永宏、马瑞婧、高倩编写；第 6 章由姜其畅、苏艳丽、黄丽编写。李永宏完成了本书的框架设置、统筹及统稿工作。

本书是山西省高等学校教学改革创新项目"师范专业认证背景下地方院校物理学专业人才培养体系的研究与实践"的课题研究成果，同时也是"大学物理实验"校本教材建设项目。在编写过程中，编者参考了部分兄弟院校的优秀教材和相关厂家的实验指导书，同时得到了教务处、系部以及工科实验中心有关领导的大力支持，在此一并表示感谢。

由于编者水平有限，书中难免有不妥之处，恳请读者批评指正，并在使用过程中把您的意见及时向我们反馈，以便本书再版时进一步修订完善。

编　者

2020 年 5 月

目　录

第 1 章　绪　论

1.1　实验在物理学中的基础性作用

　　物理学是研究自然规律的科学。在物理学的发展过程中，实验起着至关重要的作用。首先，实验是物理理论的来源。通过对实验现象的观察、分析、综合，可从中找到现象背后隐藏着的一般规律，从而形成物理理论。其次，实验是物理发展的推动力。在实验中可能发现旧理论无法解释的现象，从而推动新理论的诞生和发展。另外，实验技术的不断进步，也可以为理论的发展提供必要条件。最后，物理理论是否正确，理论本身无法解决这个问题，只有通过实验才能验证理论是否正确。总之，实验始终贯穿于物理学发展的整个过程，是物理学发展的基础。我们可以通过一系列的经典实验清晰地认识到这种基础性。

1. 古希腊时期物理学的局限性和经典力学的建立

　　自然界存在着各种形式的运动。其中，机械运动是最早得到研究的运动形式。对机械运动的研究可以追溯到古希腊时期。当时，具有代表性的理论有亚里士多德的运动理论和托勒密的地心说。前者基于直接经验，认为重物下落是物体的自然属性，物体越重下落速度越快。后者则依据日月星辰东升西落，认为地球是宇宙的中心。在之后的一千多年内，似乎没有发现与这个理论相违背的实验事实。因此，亚里士多德的运动理论和托勒密的地心说在此期间一直占据着主导地位。

　　直到 16 世纪，人们才发现一些实验和观测并不支持这些依据直接经验得来的结论。据《伽利略传》记载，伽利略 1590 年曾经在比萨斜塔做过落体实验，得出大小相同、重量不同的两个铁球同时落地的结论。另外，随着天文观测技术的进步，行星位置和运动的测量越来越准确。伽利略实际观测到的行星位置和地心说预测的位置并不相符。这些实验和观测无法用旧理论解释，时代在呼唤新的理论。

　　1576 年，第谷在丹麦国王的资助下，建立了观测精度很高的天文台，并进行了长期的天文观测，积累了二十多年的观测资料。1601 年，第谷去世前将他生前积累的大量资料留给了开普勒。开普勒经过长期的艰苦计算，发现了行星沿椭圆轨道绕太阳运动（椭圆定律），其周期的平方与行星到太阳的平均距离的 3 次方成正比（调和定律）。他还发现行星到太阳的连线在相同时间内扫过的面积相同（面积定律）。牛顿在 1714 年的一封信里提到他在 1665—1666 年间从调和定律推导出了引力平方反比定律。牛顿声称："如果我看的更远，那是因为站在巨人的肩膀上。"事实上，这些巨人不仅包含第谷、开普勒，还有笛卡尔、惠更斯、伽利略、胡克、哈雷等。基于前人的丰硕成果，1687 年牛顿发表了《自然哲学的数学原理》，标志着经典力学体系的建立。

2. 经典物理学的局限性和现代物理学的建立

19 世纪末，经典物理学经过 300 多年的发展已经形成了完整的理论。许多物理学家认为"大厦"已经建成，所剩下的只是一些修饰性的工作。1900 年 4 月，开尔文发表了一篇演讲，其中提到物理学"大厦"的天空上出现了两朵"乌云"。第一朵"乌云"与以太有关。当时人们认为以太存在于整个宇宙空间，是绝对静止的参考系，并且是光的传播媒介。地球以 30 km/s 的速度绕太阳公转，假设以太相对太阳静止，那么地球也应该以这个速度相对以太运动。1881 年，迈克尔逊和莫雷用干涉仪做了测量地球相对以太运动速度（即以太风）的实验。然而在误差范围内，测得以太风的速度为 0。这个结果表明，以太并不存在，光相对任何参考系的速度都是一样的；或者，以太存在，但是光的运动不满足伽利略变换。爱因斯坦从光速不变的原理出发，在 1905 年发表了狭义相对论，并在 1915 年建立了广义相对论。第二朵"乌云"与黑体辐射有关。1900 年年初，瑞利和金斯依据经典理论中的能量均分定理得出了黑体辐射的能量密度按频率分布的公式（即瑞利-金斯定律）。这个公式在长波方向上与实验数据相符合，但是当频率增加时，瑞利-金斯公式表明黑体辐射的能量密度居然趋于无穷大！这显然与实验不符合。经典理论在解释黑体辐射上遇到的困难被称为"紫外灾难"。1900 年年末，普朗克在一次会议中作了《论正常光谱的能量分布定律的理论》的报告。在报告中，普朗克大胆假设能量均分定理在黑体辐射中不再成立，黑体只能以 $h\nu$ 的整数倍辐射和吸收能量，从而建立了普朗克辐射定律。这个定律不仅解决了"紫外灾难"问题，而且提出了能量量子化的概念，奠定了量子力学的基础。

相对论和量子力学是现代物理学的两大支柱，自诞生以来不断被实验证实。1974 年，美国天文学家郝尔斯和泰勒发现了一对相距很近的脉冲双星，观测表明它们相互绕转的周期每年减少 0.000075 s。依据广义相对论，相互绕转的脉冲双星不断向周围辐射引力波，导致绕转动能减小，周期变小。理论值和观测值相符合，间接验证了引力波的存在。2015 年，激光干涉仪引力波天文台直接探测到了引力波，从而再次验证了广义相对论。量子力学认为实物粒子以概率波的形式在空间传播，那么实物粒子也应该有波的干涉和衍射现象。1927 年，戴维森和汤姆森先后发现的电子衍射现象，有力地支持了量子力学。

3. 现代物理学中的难题

现代物理学建立后取得了辉煌的成就，并在生产实践中得到了广泛应用。但物理学的发展远未结束。现代天文学对旋涡星系的观测显示，自转速度随着到星系核心距离的增加迅速增大。这是因为星系质量主要集中在核球，自转速度的增加是开普勒运动导致的。然而，自转曲线却可以平坦地延伸到距核球很远的距离，表明在星系晕中集中了很大一部分质量。但这部分质量并没有被直接观测到，被称为暗物质。

1929 年，哈勃发现河外星系视向速度和距离成正比，表明宇宙在匀速膨胀。但 20 世纪 90 年代对超新星的观测表明宇宙在加速膨胀。这种使宇宙加速膨胀的能量至今尚不清楚，被称为暗能量。暗物质和暗能量是否是新时代物理学的两朵"乌云"，还有待进一步探索。2015 年，我国发射了暗物质探测卫星"悟空"；在四川锦屏山隧道，我国已经建成了世界上最深的探测暗物质的实验室。

从以上物理学大致的发展过程来看，物理学的发展是一个不断深化的过程，也是一个不断接近自然本质的过程。在这个过程中，实验发挥了启发、推动、检验的重要作用。从实验在物理学发展中的作用来看,"大学物理实验"在教学中具有非常重要的地位。通过实验课程的学习,可以让学生更全面、更深刻地理解物理学;此外,还可以培养学生的实践能力和严谨的作风,为他们以后在各个岗位上的成长奠定基础。

1.2　大学物理实验的任务和基本要求

"大学物理实验"课程是高等学校理工科专业对学生进行科学实验基本训练的必修基础课程,是大学生接受系统实验方法和实验技能训练的开端。该课程覆盖面广,具有丰富的实验思想、方法、手段,同时能提供综合性很强的基本实验技能训练,是培养学生科学实验能力、提高科学素养的重要基础。另外,物理实验在培养学生严谨的治学态度、创新意识、理论联系实际以及应用能力等方面,具有其他实践类课程不可替代的作用。

1. 大学物理实验的任务

"大学物理实验"课程的教学任务是让学生在中学物理实验的基础上,进一步学习物理实验知识和方法,初步了解科学实验的主要过程,为今后的学习和工作打下良好的科学实验基础。其具体任务如下:

(1)通过学习物理实验的基本方法,培养学生的基本科学实验技能,提高学生的科学实验基本素质,使学生初步掌握实验科学的思想和方法。

(2)使学生掌握实验研究的基本方法,提高学生的分析能力和创新能力,培养学生的科学思维和创新意识。

(3)培养学生认真严谨、实事求是、刻苦钻研以及一丝不苟的科学态度;培养学生理论联系实际和积极主动的探索精神;培养学生遵守纪律、团结协作、爱护公共财产的优良品德。

2. 大学物理实验的基本要求

大学物理实验主要涉及力学、热学、电学、光学等实验内容,其具体的教学基本要求如下:

(1)能够独立完成课前实验预习、课堂实验操作和课后撰写实验报告等基本实验环节。

(2)掌握测量误差与不确定度的基本概念,会用不确定度对直接测量和间接测量的结果进行评估;具备正确处理实验数据的基本能力;掌握一些应用计算机软件处理实验数据的常用方法。

(3)掌握基本物理量的实验方法和测量方法。

(4)掌握"大学物理实验"课程中常用仪器的性能,并能够正确使用。

(5)掌握常用实验装置的操作技术,如零位调整、水平/铅直调整、光路的共轴调整、消视差调整、逐次逼近调整等。根据给定的电路图进行正确接线,能简单地检查与排除电路故障。

1.3　"大学物理实验"课程的基本教学环节

"大学物理实验"课程从教学环节上一般分为课程实验预习、课堂实验操作和课后实验报告 3 个过程。

1. 课前实验预习

课前实验预习是上好实验课的基础和前提。学生通过预习可以清楚了解做什么实验，为什么要做本实验，如何做好本实验等相关问题。通过预习教材和相关资料，可以事先全面了解实验内容。具体要求如下：

（1）清楚开设实验项目的背景，事先对实验内容做全面的了解。对于验证性的实验，应充分理解与验证的规律有关的概念、理论以及物理过程；对于探索性实验，应充分熟悉与实验有关的知识、研究的物理过程以及期望得到的有规律性的物理现象，明确实验目的与要求。

（2）初步了解实验仪器、操作流程及注意事项。特别对注意事项，不仅要仔细阅读，还要牢记，否则会造成仪器损坏，甚至人员事故。对真正不理解的部分，应进行记录，在进入实验操作环节时，再向实验指导教师请教。只有这样，才能在实验中克服盲目性，并得到可信的测量结果，进而由这些测量结果得出结论，从而达到实验目的。

（3）预测实验中可能出现的问题。通过对问题的预测，一方面可使实验者进一步熟悉实验步骤与过程；另一方面可以减少实验中的失误，提高实验效率，做到集中注意力解决实验中的主要问题。

（4）写好实验预习报告，了解实验原理和所要测量的物理量，拟定好实验步骤，绘制好数据记录表格。预习报告具体应包括以下相关内容：

＊＊＊实验预习报告（写在实验报告纸续页上，居中）

实验名称、院系名称、班级、学号、姓名

实验目的

仪器设备

基本原理（用简短语言说明基本公式和所要测量的物理量；画出所需原理图；拟定实验步骤）

列出记录数据所需表格

记录不理解的问题和想到的问题

2. 课堂实验操作

课堂实验操作是实验课教学环节中最为重要的一个部分，主要锻炼学生的动手能力、分析和解决问题的能力。通过课堂实验操作的环节，学生可完成实验仪器的安装和调试，按要求完成实验数据的测量和记录。具体要求如下：

（1）按照课前实验预习的实验步骤和注意事项，认真对照检查实验仪器及所需器件，了解使用方法。

（2）不得为急于完成实验数据盲目操作。特别是对于电学、光学实验，要对照电路或光路图反复检查线路连接情况，并由老师检查同意后，再通电、通光正式进行实验。

（3）实验过程中要细心观测实验现象，实事求是地记录好实验数据。对于与实际不吻合的数据要及时发现，做出分析，坚决反对马虎了事、弄虚作假，时刻要保持严格认真的科学态度。

（4）实验完成后，记录的原始数据需要实验指导老师审核、签字。

（5）实验完成后，要自觉收整好仪器，切断仪器电源，并做好实验台清洁工作。

3. 课后实验报告

课后实验报告是完成实验课的最后环节。通过撰写实验报告，可以锻炼学生的分析和总结能力。实验报告内容要求对实验中记录的原始数据进行整理、分析及总结，并给出误差分析和不确定度。要求数据记录完整、处理过程恰当、图表规范、结果清楚。实验报告具体包括以下相关内容：

实验时间、系别及班级、所在小组以及学号姓名

实验名称

实验目的

实验原理

实验仪器

实验步骤

实验数据记录、数据处理过程和结果

实验注意事项

分析与讨论

实验中测量的原始数据

实验报告建议统一采用学校规定的格式书写，不建议自行打印。

1.4　大学物理实验规则

为了确保大学物理实验教学的正常运行，培养学生严肃认真、实事求是的科学态度以及善于思考、勤于动手的学习作风，在实验过程中应严格遵守实验规则。

（1）实验前，要充分做好预习准备工作，必须按要求写好预习报告，否则不得参加实验。前次实验项目的实验报告应在下次实验前交给实验课指导教师，并填好个人信息。

（2）实验中，应严格遵守课堂纪律和实验规程，正确操作、认真观测，要保持室内安静、整洁，严禁喧哗、嬉闹，禁止吸烟，禁止乱涂乱画，禁止随地吐痰，保证良好的实验环境。要对实验结果做实事求是的分析，反对掩盖矛盾或弄虚作假的学风。原始数据应经老师审阅签字后，再整理仪器恢复原状，方可离开实验室。遇到意外，要保持头脑冷静，迅速采取有效措施。

（3）实验后，要自觉爱护仪器设备。实验中要注意技术安全，未经指导教师许可不得擅自接通仪器电源等。光学仪器的玻璃面不要随意用手去触摸，也不允许擅自用纸巾擦拭。各实验小组的仪器不得擅自调换。

（4）因故不能准时到课的学生，必须在课前向老师提前请假，经准许后方可安排补做实验，否则按旷课处理。缺交实验报告者，实验成绩按不及格处理。

第2章 测量误差与实验数据处理

物理学作为一门基于实验的学科，需要通过实验来探究和验证所得规律。为了精密研究物质世界的数学规律，需要开展建立在测量基础上的定量实验，而定量实验又离不开误差分析和实验数据的处理。因此，本章将介绍与物理实验有关的误差分析和测量实验数据的处理方法。

2.1 测量与误差

1. 测量与误差的概念

1）测量

在物理实验中如需做定量讨论，则需对研究对象进行测量。测量的本质是比较。测量是借助仪器将被测物与标准单位值相比较，从而确定被测量量值（数值与单位）的过程。其中，所规定物理量的标准单位值称为标准量。

根据是否需要推导和计算，测量可分为直接测量和间接测量。直接测量是指被测量和仪器上的规定标准单位值直接比较，得出其量值的测量方法。间接测量是指由一个或几个直接测得的量，经已知函数关系计算出被测量量值的测量方法。

2）误差

不论是直接测量或间接测量，其最终目的都是要获得物理量的真值。所谓真值，就是被测量在实验条件下所具有的客观真实值。在实际测量时，由于受到观测者的操作和观察能力、测量方法的近似性、测量仪器的分辨力和准确性、测量环境的波动等因素的影响，其测量结果和客观真值之间总有一定差异。

测得值与真值的差称为测得值的误差，即测得值(x)－真值(a)＝误差(ε)。误差自始至终存在于一切科学实验的过程之中，虽然随着科学技术的日益发展和人们认识水平的不断提高，误差可能被控制得越来越小，但始终不可能完全消除。

根据对误差的衡量方式的不同，可将其分为绝对误差和相对误差。

（1）绝对误差。

设a为被测量的客观真值，x为实际测量值，二者差值ε称为绝对误差，即

$$\varepsilon = x - a \tag{2-1-1}$$

需注意，误差可以是正值，也可以是负值。

（2）相对误差。

若某长度真值为 10.00 cm，测量值为 10.02 cm，则误差为 0.02 cm。若另一长度真值为 1.00 cm，测量值为 1.02 cm，误差仍为 0.02 cm。但是二者的精准程度显然是不一样的。

可见在判断测量结果的精准程度时，只看绝对误差是不够的。因此，为了区分二者的误差程度，需计算测量结果的相对误差 ε_r。

$$\varepsilon_r = \frac{\varepsilon}{x} \times 100\% \qquad (2-1-2)$$

由相对误差的定义式可得，上述第一个测量值的相对误差为 0.2%，第二个测量值的相对误差为 2%。可见前者的精准程度大于后者。当所测的量不变时，精准程度可以用绝对误差来衡量；但当所测的量改变时，需要引入相对误差来对比。

根据误差的产生原因和性质的不同，误差又可分为系统误差和偶然误差（亦称随机误差）。其中，系统误差可以消除，随机误差只能减小。

（3）系统误差。

在相同的条件下，多次测量同一物理量时，若误差的大小和正负总保持不变或按一定的规律变化，这种误差称为系统误差。系统误差是带有系统性和方向性的误差。

系统误差的来源主要有以下几方面：

① 仪器设备的误差：因仪器不精确或调节不准所引起的误差，如米尺的刻度不均匀、天平两臂不等、砝码的质量不准确等。通过改进仪器的设计或与标准仪器进行校正，可减小仪器设备的误差。

② 理论和实验方法的误差：由于理论（定律或公式）本身不够严密或方法粗糙等原因所引起的误差。例如，在导出单摆周期公式时，假定摆的偏角 θ 甚小，于是 $\sin\theta$ 可用 θ（弧度）代替。这种误差可以通过理论上的修正或改进实验方法加以减小。

③ 实验装置不完善：如理想单摆是无质量不可伸长的线悬挂一个质点，在真空中以小角度摆动的装置，但实际达不到这种理想状态。

④ 环境因素：如测水的汽化热、冰的熔化热时，实验室的气压和温度与要求不符，且有微小变化；测磁体磁场时受到地磁场的影响。

⑤ 个人误差：由于实验者操作不够熟练、不规范或个人的不良习惯产生的误差。

（4）偶然误差。

在相同的条件下，多次测量时，如误差的符号时正时负，其绝对值时大时小，没有确定的规律，这种误差称为偶然误差。

偶然误差是由许多不可预测的偶然因素造成的，如测量时外界温度、湿度的微小起伏，周围仪器产生的杂散电磁场，不规则的机械振动等因素，使实验过程中的物理现象和仪器的性能不断发生随机的变化，再加上人们感官灵敏程度的限制，致使每次测量值都有偶然性。由于这些偶然因素的影响，多次重复测量结果在真值附近随机地涨落。每次测量的偶然误差大小和正负是不确定的、不可预测的。

由于偶然误差的成因十分复杂，因此偶然误差不能像系统误差那样消除。偶然误差虽不能消除，却可以减小。实验表明，重复大量测量同一数据的偶然误差服从一定的统计规律，即：

① 绝对值相等的正负误差出现概率相等。

② 绝对值小的误差比绝对值大的误差出现概率大。

③ 误差存在于一个大致的范围中。

④ 偶然误差的算数平均值随测量次数的增加而减小。

根据偶然误差的特性，随着测量次数的增大偶然误差会减小，测量值的算数平均值将趋近于真值。因此，实验结果取多次测量的算数平均值作为真值的最佳估值。但是测量次数并不是越多越好，增加测量次数必将延长时间，实验环境可能出现不稳定因素，实验者也会疲劳，这将引入新的误差。对此一般的原则是，在偶然误差较大的测量中要多测几次，否则可少测，甚至可只测一次，一般实验测 3～8 次为宜。

2. 测量的精确度

测量精确度，简称测量精度，用以评判测量结果与真值的接近程度。测量精确度可分为测量的准确度和精密度。精密度对应偶然误差，反映所有测量值相对于真值的离散程度。当精密度降低时，如图 2-1-1(a)所示。准确度对应系统误差，反映所有测量值相对于真值的相同偏差。当准确度较低时，如图 2-1-1(b)所示。当准确度和精密度都较高时，偏离和离散程度都较小，此时精确度高，如图 2-1-1(c)所示。

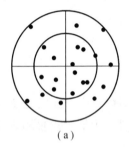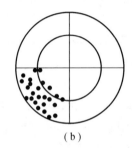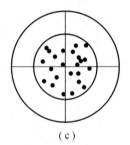

(a)　　　　　　　(b)　　　　　　　(c)

图 2-1-1　精密度、准确度和精确度示意图

3. 实验错误

误差不是错误，误差可以减少却不能避免，而错误是可以避免且必须避免的。如果实验中发生了错误，应及时发现并予以消除。实验错误是指无法合理解释的测量值，其表现为测量值的高度异常。产生实验错误的原因是多方面的，如用错公式、计算错误、读数错误等。如实验中出现实验错误，可通过分析改进实验，或直接将异常数据删除。

4. 直接测量结果误差的估算

1) 测量列的算数平均值

为了减少随机误差，在条件允许的情况下，进行多次测量求其算数平均值，将该值作为测量结果。其中多次测量的同一组数据组成测量列。

设 $x_1, x_2, \cdots, x_n$ 为 n 次测量的结果，其算数平均值为

$$\bar{x} = \frac{1}{n}(x_1 + x_2 + \cdots + x_n) = \frac{1}{n}\sum_{i=1}^{n} x_i \qquad (2-1-3)$$

由于实际中真值 a 是由多次测量结果的算数平均值 $\bar{x}$ 代替的，因此

$$v_i = x_i - \bar{x} \qquad (2-1-4)$$

式中，x_i 为第 i 次的测量值；v_i 为 x_i 的误差。

2) 标准偏差

由于存在随机误差，测量值围绕着算数平均值分布，其分散程度说明测量值的不可靠性，因此需要一个数值判断其不可靠性的大小，即标准偏差，其表达式为

$$s_x = \sqrt{\frac{\sum (x_i - \bar{x})^2}{n-1}} = \sqrt{\frac{\sum \upsilon_i^2}{n-1}} \qquad (2-1-5)$$

s_x 的值反映数据围绕算数平均值的离散程度，作为判断数据是否可靠的标准。

2.2　不确定度的估算

在取得测量结果时，由于各方面因素影响导致测得值不能准确表达真值，仅为近似值，因此要对测量结果的可靠性进行评价，即给出测量质量的评价指标。测量不确定度就是测量质量的评价指标，也就是对测量结果残存误差的评估。

测量值不等于真值，可以设想真值就在测量值附近的一个量值范围内，测量不确定度就是评定作为测量指标的该量值范围。设测量值为 $\bar{x}$，其测量不确定度为 u，则真值可能在量值范围 $(\bar{x}-u, \bar{x}+u)$ 之中。显然 u 越小，量值范围就越窄，用测量值表示真值的可靠性就越高。

在实验中，通常以估计标准偏差来评定测量的不确定度，称为标准不确定度。

1. 直接测量

由于误差的来源不同，计算不确定度的方法有两种，将用统计学方法计算的不确定度称为 A 类不确定度，属于偶然误差性质的不确定度；将用其他方法（非统计方法）计算的不确定度称为 B 类不确定度，属于系统误差性质的不确定度。

1）标准不确定度的 A 类评定

标准不确定度的 A 类评定采用下述公式，即

$$u_A(x) = \sqrt{\frac{\sum_{i=1}^{n}(x_i-\bar{x})^2}{n(n-1)}} \qquad (2-2-1)$$

式（2-2-1）表示平均值的实验标准偏差，取为标准不确定度的 A 类分量。

2）标准不确定度的 B 类评定

对于标准不确定度的 B 类评定，有的依据计量仪器说明书或鉴定书，有的依据仪器的准确度，有的则粗略地依据仪器分度值或经验，从这些信息中可以获得极限误差 Δ（或容许误差，或示值误差），此类误差一般可视为均匀分布，而 $\Delta /\sqrt{3}$ 为均匀分布的标准差，则 B 类评定标准不确定度可表示为

$$u_B(x) = \frac{\Delta}{\sqrt{3}} \qquad (2-2-2)$$

在测量中，B 类评定往往不止一种，例如，用天平称一物体的质量，B 类评定有：① 天平不等臂引起的误差；② 砝码标称值（仪器上标明的量值）的误差；③ 空气浮力引入的误差。

3）合成标准不确定度

各类标准不确定度在合成时应是等价的，因此采用方和根法，有

$$u(x) = \sqrt{\sum_{i=1}^{k} u_i^2(x)} = \sqrt{u_A^2(x) + u_B^2(x) + \cdots} \qquad (2-2-3)$$

在测量后必须计算不确定度。对于偶然误差为主的测量情况，可将 A 类标准不确定度作为总的不确定度，略去 B 类不确定度；对于系统误差为主的测量情况，可只将 B 类标准不确定度作为总的不确定度。

2. 间接测量

对于间接测量，设被测量 y 由 m 个直接测量量 $x_1, x_2, \cdots, x_m$ 算出，它们的关系为 $y = y(x_1, x_2, \cdots, x_m)$。

将各个直接测量量的最佳估计值（算术平均值）代入公式计算得到的结果称为间接测量的最佳估计值，即

$$\bar{y} = y(\bar{x}_1, \bar{x}_2, \cdots, \bar{x}_m)$$

设各直接测量量为 $x_1 = \bar{x}_1 \pm u(x_1)$，$x_2 = \bar{x}_2 \pm u(x_2)$，$\cdots$，$x_m = \bar{x}_m \pm u(x_m)$，则间接测量量为 $y = \bar{y} \pm u(y)$，$u(y)$ 为 y 的标准不确定度，经理论推导可得

$$u(y) = \sqrt{\sum_{i=1}^{m} \left(\frac{\partial y}{\partial x_i}\right)^2 u^2(x_i)} \qquad (2-2-4)$$

式 $(2-2-4)$ 为标准不确定度的传递公式，其中偏导数 $\frac{\partial y}{\partial x_i}$ 为传递系数；$\frac{\partial y}{\partial x_1}$ 的计算与导数 $\frac{\mathrm{d}y}{\mathrm{d}x_1}$ 的计算很相似，只是计算 $\frac{\partial y}{\partial x_1}$ 时，要把 x_1 以外的变量作为常量处理。

2.3　有效数字

1. 有效数字的概念

实验中总是要记录多组数值并进行计算，但是记录时应取位数、运算后应留位数等问题往往并不受到重视，而这些恰恰是实验数据处理的重要问题。

为了能正确反映出被测量物体的相关量值，引入有效数字的概念，把测量结果中可靠的几位数字加上估读的一位数字统称为有效数字。其中，有效数字的最后一位虽为估读值，但其在一定程度上反映了客观情况，因此也是有效的。

通常，从仪器读出的数字都应尽可能估计到仪器最小刻度的下一位。例如，用最小刻度为毫米的米尺测量某物体的长度为 1.62 cm，虽然米尺上没有小于毫米的刻度，但可凭目力估计到 1/10 mm，6 是准确读出的最后一位数字，2 是估计值，并且仪器本身也将在这一位出现误差，所以该值存在一定的可疑成分，即实际上这一位可能不是 2，由于第 3 位数字已是可疑的，因此在它以下的各位数字的估计就没有必要了。故该测量值包含 3 位有效数字。如果物体的末端正好与刻度线对齐，估读一位是"0"，则"0"也是有效数字，必须记录，此时读出物体的长度应为 1.60 cm，包含 3 位有效数字，如写成 1.6 cm 就不能如实反映测量的精度。

另外在记录时，由于选择单位的不同，也会出现一些"0"。例如，3.60 cm 也可记为 0.0360 m，或 36000 μm，这些由于单位变换才出现的"0"，没有反映出被测量大小的信息，故不属于有效数字。在物理实验中常用一种被称为标准式的写法，即任何数值都只写出有效数字，而数量级则利用 10 的幂指数表示，例如上述数值可记为 3.60×10^{-2} m 和 3.60×10^4 μm。

2．有效数字的运算规则

（1）有效数字的运算结果通常只保留一位可疑数字。

几个量相加减，只保留所得结果中最左侧的一位可疑数字。

加法：

$$
\begin{array}{r}
4\,8.\underline{6} \\
+\ \ 6.2\,\underline{4}\,\underline{3} \\
\hline
5\,4.8\,\underline{4}\,\underline{3}
\end{array}
$$

取值 54.8

减法：

$$
\begin{array}{r}
6\,8.\underline{6} \\
-\ \ \ 0.4\,\underline{2}\,\underline{6} \\
\hline
6\,8.1\,\underline{7}\,\underline{4}
\end{array}
$$

取值 68.2

式中，在可疑数字下方加一横线，以便与可靠数字相区别。

（2）乘除运算后的有效数字位数，一般和参加运算各数中有效数字位数最少的相同。

乘法：

$$
\begin{array}{r}
1\,.\,5\,2\,\underline{3} \\
\times\ \ \ 1\,8.\,\underline{6} \\
\hline
9\,1\,\underline{3}\,\underline{8} \\
1\,2\,1\,8\,\underline{4} \\
1\,5\,2\,\underline{3} \\
\hline
2\,8.\underline{3}\,\underline{2}\,\underline{7}\,\underline{8}
\end{array}
$$

$1.52\underline{3}\times18.\underline{6}=28.\underline{3}$

除法：

$12674 \div 361 = 35.4$

式中，被除数的所有数字都是可疑数字时，其商为可疑数字。

（3）乘方、开方的有效数字与其底数的有效数字位数相同。

（4）三角函数、对数的有效数字位数可由测量值 x 的函数值与 x 的末位增加 1 个单位的函数值相比较确定。

$x=43°26'$

$\sin 43°26'=0.6875100985$

$\sin 43°27'=0.6877213051$

则

$\sin 43°26'=0.6875$

有多个数值参加运算时，在运算中应按有效数字运算规则所规定的位数以外多保留一位，防止因多次取舍引入计算误差，但运算最后仍应舍去。通常在数值运算的过程中不进行取舍，仅在得出最终计算结果时进行一次取舍即可。

2.4 测量结果的表示

测量结果一般由测量平均值和不确定度两部分组成，即

$$x=\bar{x}\pm u(x) \qquad 或 \qquad y=\bar{y}\pm u(y)$$

由于不确定度的大小不能完整评价测量结果的优劣，还要看测量值本身的大小，为此引入相对不确定度的概念，其表达式为

$$u_r = \frac{u(x)}{\bar{x}} \qquad \text{或} \qquad u_r = \frac{u(y)}{\bar{y}}$$

因此，根据相对不确定度，表示的测量结果为

$$x = \bar{x}(1 \pm u_r) \qquad \text{或} \qquad y = \bar{y}(1 \pm u_r)$$

由于不确定度本身是估计值，所以不确定度的值要求取一位（或两位）有效数字。测量结果的有效数字是到不确定度末位为止，即测量结果有效数字的末位和不确定度末位取齐。

测量结果的有效数字位数是由不确定度来决定的，所以在实验后一般需要首先计算出不确定度。

2.5　数据处理的基本方法

由实验测得的数据必须经过科学的分析和处理，才能揭示出各物理量之间的关系。通常把从获得原始数据起至得出结论为止的加工过程称为数据处理。物理实验中常用的数据处理方法有列表计算法、图示法、图解法、逐差法、最小二乘法等。

1. 列表计算法

在实验中常将数据列表记录。列表计算法是记录和处理数据的基本方法，也是其他数据处理方法的基础。设计适当的表格记录数据，可以清楚地反映出有关物理量之间的对应关系，既有助于及时发现和检查实验中存在的问题，判断测量结果的合理性，又有助于分析结果，找出有关物理量之间存在的规律性，得出经验公式。设计合理的表格可以提高数据处理的效率，减少或避免错误。

设计表格时的注意事项如下：

（1）表格上方应有表头，写明表格的名称、测量仪器的规格（型号、量程、分度值、零点误差、准确度等级、最大允许误差等）。

（2）表格需简明，表中各符号所代表的物理量要含义清晰，顺序应依据数据间的联系和计算顺序确定。

（3）单位一般写在标题栏中，不要重复地记录在各数字上。

（4）表中要正确记录测量结果的有效数字，以反映测量精度。

（5）表中除列入原始测量数据外，计算过程中重要的中间计算结果也应列入表中。

（6）在表中不能说明的问题，可在表上或表下加以说明。

列表记录好数据后，利用前面的不确定度公式计算直接测量和间接测量的不确定度、最佳估计值，并规范地表示结果。

2. 作图法（图示法和图解法）

作图法是利用实验数据，将实验中物理量之间的函数关系用几何图线表示出来。实验图线不仅能简明直观、形象地显示物理量之间的关系，而且有助于研究物理量之间的变化规律，找出定量的函数关系或得到所求的参量。同时所作的图线对测量数据还起到取平均

作用，可以帮助发现实验中的某些测量错误。

作实验图线的注意事项如下：

（1）作图必须用坐标纸和铅笔。坐标纸包含直角坐标纸、对数坐标纸、极坐标纸等，常用的是直角坐标纸。

（2）坐标纸的大小及坐标轴的比例应根据所测数据的有效数字和结果的需求来确定。原则上数据中的可靠数字在图中是可靠的，可疑的一位在图中是估计的，不能因作图而引进额外的误差。

（3）当选取横轴和纵轴的比例和坐标的起点时，应使图线比较适中地呈现在图纸上，不偏于一角或一边，并能明显地反映图线的变化特点和趋势。横轴和纵轴的标度可以不同，坐标轴的起始点也不一定都从零开始，可以取比数据最小值再小一些的整数开始标记。

（4）用实线在坐标纸上画出坐标轴，标明所代表的物理量、单位和标度。

（5）根据测得数据，用明确的符号准确地表明实验点，要做到不错不漏，在图上一般用"＋"标出数据点的位置，"＋"要用细铅笔清楚地画出，使与实验数据对应的坐标准确地落在"＋"的交点上。如一张图上要画几条曲线时，每条曲线可用不同的标记，如"×""•""◉"等。

（6）连线时要用透明直尺或曲线板，根据数据点分布的变化趋势，作出穿过数据点分布区域的平滑曲线。曲线不一定要通过所有的数据点，而是让数据点大致均匀地分布在所画曲线的两侧，并且尽量靠近曲线。如欲将图线延伸到测量数据的范围之外，则应根据其趋势用虚线来表示。在确定两物理量之间的关系是线性的，或所有的实验点都在某一直线附近时，可作一条直线，将数据点均匀地分布在直线的两侧。

（7）作完图后，在图的下面标明图线名称、作者和日期。必要时附上简单说明，如实验条件等。

（8）将图线粘贴在实验报告的适当处。

在实验中常常会遇到一种曲线，称为校正曲线。例如，用精度级别高的电表校准精度级别低的电表所作的曲线，作校正曲线时，相邻数据点一律用直线连接，成为一个折线图，不能连成光滑曲线。

1）图示法

物理规律用在坐标纸上描绘出各物理量之间相互关系的一条图线来表示，利用图线找出对应的方程式，即各物理量之间的函数关系式，这种方法称为图示法。例如验证牛顿运动第二定律，可利用图示法处理数据，较为直观且简便明了。

2）图解法

根据已经作好的图线，应用解析的方法求出对应的函数和有关参量，从而得到要测量的物理量，这种方法称为图解法。当实验图线是直线时，采用此法就更为方便。光滑曲线也能用图解法处理数据，例如复摆实验。下面，用直线的斜率和截距的求解过程进行介绍。

由实验数据画出图线，设直线方程为

$$y = a + bx$$

在实验数据范围内，于尽量靠近直线的两端处任取两点 $p_1(x_1, y_1)$ 和 $p_2(x_2, y_2)$，其 x 的坐标最好为整数，并注意不要取原始数据点。用与数据点不同的符号将其标示出来，并

在旁边注明其坐标读数。如图 $2-5-1$ 所示，将 $p_1(x_1，y_1)$
和 $p_2(x_2，y_2)$ 两点的坐标代入直线方程，有

$$\begin{cases} y_1 = bx_1 + a \\ y_2 = bx_2 + a \end{cases}$$

由方程组可解得

$$b = \frac{y_2 - y_1}{x_2 - x_1}, \quad a = \frac{x_2 y_1 - x_1 y_2}{x_2 - x_1}$$

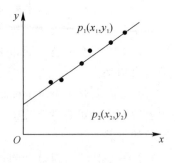

图 $2-5-1$ 图解法求
常数项（截距）

如 x 轴的起点为零，则可直接从图线上读取截距 a
的值。

由于直线容易描绘，因此当实验图线不是直线时，可
以通过坐标变换，设法将某些曲线图形变为直线图形。

例如，单摆的摆长 l 和 T 之间的关系为 $T = 2\pi\sqrt{\dfrac{l}{g}}$，若以 l 为横轴，T 为纵轴作图，可

得到一条曲线。如以 l 为横轴，T^2 为纵轴作图，则可得到一条直线，而直线的斜率为 $\dfrac{4\pi^2}{g}$，

可据直线的斜率求出重力加速度 g。

3. 逐差法

逐差法是物理实验处理数据时常用的一种方法。由误差理论可知，多次测量能减小偶
然误差，因此在实验中应尽量地实现多次测量。但在一些实验中，如简单地取各次测量的
平均值，并不能达到好的效果。例如，为了测量弹簧的劲度系数，将弹簧挂在装有竖直标尺
的支架上，先记下弹簧端点标尺上的读数 x_0，然后依次加上 $1\text{ g}, 2\text{ g}, \cdots, 7\text{ g}$ 的砝码，则可
读得它们的读数分别为 $x_1, x_2, \cdots, x_7$，其相应的弹簧长度变化量为 $\Delta x_1 = x_1 - x_0$，$\Delta x_2 = x_2 - x_1$，$\cdots$，$\Delta x_7 = x_7 - x_6$，根据平均值的定义可知

$$\overline{\Delta x} = \frac{(x_1 - x_0) + (x_2 - x_1) + \cdots + (x_7 - x_6)}{7} = \frac{(x_7 - x_0)}{7} \qquad (2-5-1)$$

在式 $(2-5-1)$ 中，只用了始末两次的测量值，中间数值全部抵消，未能起到多次测量
的效果，与一次增加 7 g 砝码的单次测量等价。由此可见，不能用该方法进行平均值的
处理。

为了保持多次测量的优越性，通常把数据分成两组，一组是 (x_0, x_1, x_2, x_3)，另一组
为 (x_4, x_5, x_6, x_7)，取相应的差值 $\Delta x_1 = x_4 - x_0$，$\Delta x_2 = x_5 - x_1$，$\Delta x_3 = x_6 - x_2$，$\Delta x_4 = x_7 - x_3$，则平均值为

$$\overline{\Delta x} = \frac{\Delta x_1 + \Delta x_2 + \Delta x_3 + \Delta x_4}{4} = \frac{(x_4 - x_0) + (x_5 - x_1) + (x_6 - x_2) + (x_7 - x_3)}{4}$$

$$(2-5-2)$$

上述方法称为逐差法。在逐差法中，每个数据在平均值内部都起了作用。应当注意，上
式中 $\overline{\Delta x}$ 是 4 g 砝码的重力使弹簧伸长量的平均值，由此可求出弹簧的劲度系数。由上可
见，采用逐差法将保持多次测量的优越性。

2.6　使用 Excel 软件处理实验数据

本节将通过演示"霍尔效应"实验中磁感应强度与霍尔电压的实验数据的处理过程，来介绍如何用 Excel 软件进行表格设计、绘制曲线、数据拟合等常用的实验数据处理方法。

1. 设计数据表格

（1）设计表格。设计表头的方法如图 2 - 6 - 1 所示，选定要合并的表格，右键选择"设置单元格格式"，会出现"设置单元格格式"对话框，选择"对齐"→"水平对齐"的"居中"和"垂直对齐"的"居中"，勾选"合并单元格"前的方框，显示"√"。合并单元格后，输入表格的表头名称，再选择合适的字体。如果表头名称字数较多，同时也要选定"自动换行"。绘制边框时，首先选定要绘制表格的边框，点击"边框"→"所有边框"。如果使用的 Excel 的版本较高，以上操作也可以直接在工具栏中选择"合并单元格"和"自动换行"，如图 2 - 6 - 2 所示。

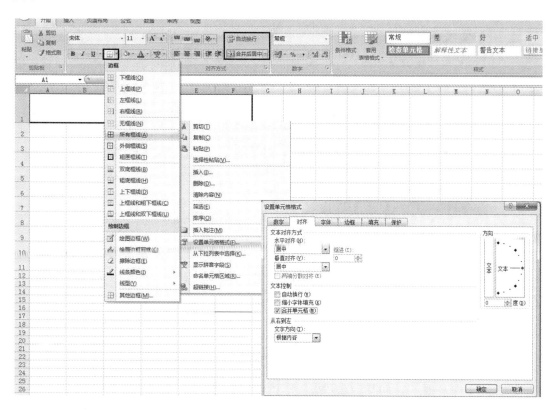

图 2 - 6 - 1　Excel 表格设计图

（2）输入数据。如图 2 - 6 - 2 所示，在表格中输入实验数据，右键选择"行高"和"列宽"可给表格设置合适的行高和列宽，在"字体"中可设置合适的字体及大小。重复设计表头中的"设置单元格格式"步骤，并对输入的数据进行对齐、居中等操作。

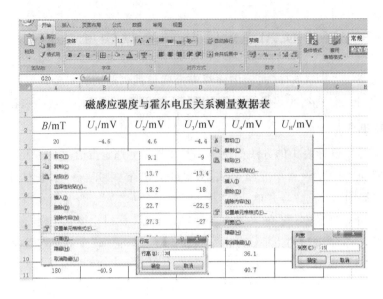

图 2-6-2　Excel 输入数据和设置表格

2. 计算实验数据

(1) 计算实验数据方法如图 2-6-3 所示，选定要计算的数据"框"（U_H 的第一行），在计算栏后面手动输入 U_H 的计算公式，也可以选择菜单栏中的"公式"，选择 Excel 中的自带

图 2-6-3　Excel 实验数据计算

第 2 章　测量误差与实验数据处理

函数公式，然后回车即可求出 U_H。如果同一列其他框内数据的计算方法一样，框后数据的计算方法是：先选定已计算的"框"，然后将鼠标向计算"框"的右下角位置移动，直到显示黑色实线的加号"＋"，然后点击鼠标左键向下拖动到最后一行，即可算出其他框的数据。

（2）设置小数位数。如果在数据计算过程中，计算数据小数点后面的位数太多或太少，修改方法如图 2-6-3 所示，在列上点击右键选择"设置单元格格式"，会出现"设置单元格格式"对话框，选择"数值"→"小数位数"进行修改。

3. 绘制曲线图

（1）绘制曲线的方法如图 2-6-4 所示，选择"插入"→"折线图"→"插入图表"→"X，Y（散点图）"，点击"确定"。为了便于作图和分析数据，这里对纵坐标的霍尔电压 U_H 做了逆序修改，具体方法是：右键点击纵坐标的位置，选择"设置坐标轴格式"，出现如图 2-6-5 所示的"设置坐标轴格式"对话框，选定"逆序刻度值"，即可出现如图 2-6-6 所示的 B-U_H 变化曲线图。

（2）添加图表标题和坐标轴标题。如图 2-6-6 所示，点击菜单栏"布局"，再选择"图表标题"和"坐标轴标题"，输入图表标题名称"B-U_H 变化曲线图"，并输入坐标轴标题名称：横坐标为"B/mT"，纵坐标为"U_H/mV"。如果要修改横纵坐标轴的相关参数，则选择"坐标轴"，出现如图 2-6-5 所示的"设置坐标轴格式"对话框，可在其中对坐标轴的相关参数进行修改。

图 2-6-4　Excel 数据绘图设置

・ 17 ・

图 2-6-5 Excel 设置坐标轴格式对话框

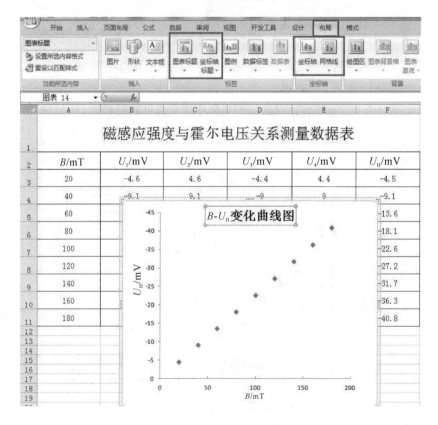

图 2-6-6 Excel 图表标题设置

4. 数据拟合

（1）数据拟合的方法。数据拟合是处理实验数据的重要方法之一，如采用手动拟合，计算量相对较大，而且误差较大。Excel 很容易实现数据拟合，并能给出经验公式，非常有利于对实验数据的分析。拟合的过程就是对散点进行拟合。如图 2-6-7 所示，选定变化曲线图中的散点（实验数据点），点击右键选定"添加趋势线"，出现"设置趋势线格式"对话框，选择"趋势预测/回归分析类型"（指数、线性、多项式等）。由于本节所取示例磁感应强度与霍尔电压趋势关系为线性关系，所以选择线性拟合。也可以对拟合线进行相关设置，如线条颜色、线性等。

（2）拟合经验公式。如图 2-6-7 所示，在"设置趋势线格式"对话框中，点击"显示公式"和"显示 R 平方值"，出现经验公式：$y = -0.226x + 0.019$ 和相关系数的平方 $R^2 = 1$。R^2 的值是评估趋势线可靠性的一个标志，它的值越接近 1，可靠性就越好。

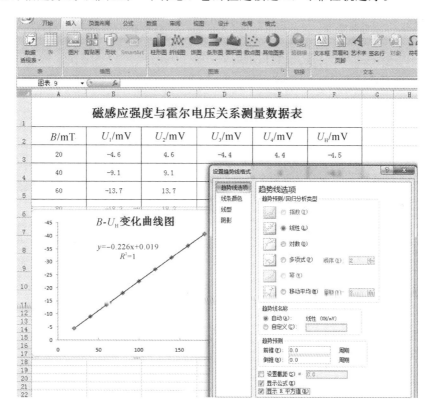

图 2-6-7　Excel 数据拟合设置

5. Excel 自带函数公式的应用举例

使用 Excel 表格记录和处理数据可以极大地简化计算，因此学会使用 Excel 进行数据处理是非常必要的。

选定输出结果的位置后，在插入公式编辑栏内输入相应命令即可实现对数据的运算，相关公式命令如下所述：

（1）求平均值：＝AVERAGE(A1：A5)，求 A1、A2、A3、A4、A5 的平均值。

（2）求和：＝SUM(A1：A5)，求 A1、A2、A3、A4、A5 的和。

（3）求最大/最小值函数：＝MAX/MIN（A1：A5），求 A1、A2、A3、A4、A5 中的最大值和最小值。

（4）求标准差：＝STDEV（A1：A5），求 A1、A2、A3、A4、A5 中标准差 S。

（5）求部分三角函数值：＝SIN/COS/TAN/COT（A）。

（6）求不确定度。

① 求 A 类不确定度：＝STDEV（A1：A5）/SQRT（（COUNT（A1：A5）＊（COUNT（A1：A5）－1）））。

② 求 B 类不确定度：＝（均匀分布）：＝B1/SQRT（3）。

③ 求合成不确定度：＝SQRT（（POWER（A?，2）＋POWER（B?，2）））。

其中，"A?"和"B?"分别代指 A 类和 B 类不确定度所在表格中的位置。

第 3 章 力 学 实 验

实验 3.1 长度与密度的测量

物体的密度是单位体积内的质量,是表述物质内在特性的物理量。本实验测量的是匀质材料的固体物质,且是形状规则的物体密度,因此,测量出物体的边长和质量,就可间接测出物体的密度。长度、质量和时间是力学的基本物理量。

长度测量有两大特点,一是涉及的领域十分广泛;二是量值尺寸段的层次多,既有大尺寸的测量,也有小尺寸的测量。大尺寸大到几米、十几米、几千米,甚至还包括大地和天文测量;小尺寸则可小到几毫米、几微米,甚至几纳米。常用的长度测量仪器有米尺、游标卡尺、螺旋测微计、读数显微镜、百分表和千分表等。尺寸较小、精度要求较高时,还需要用到光学仪器测量。

物体质量的测量通常以物体重量的测量代替,然后进行比较得出结果。因为测量在同一地点进行,两物体重量相等,其质量必然相等。常用的仪器有杆秤、弹簧秤、托盘天平、物理天平、分析天平、电子天平等。

密度测量不仅在物理、化学研究中具有重要作用,而且在石油、化工、采矿、冶金及材料工程中也具有重要意义。

【实验目的】

(1) 了解游标卡尺、螺旋测微计的构造和原理,并掌握其正确使用方法。

(2) 学会使用电子天平。

(3) 练习记录数据和有效数字的运算。

(4) 学习直接测量和间接测量量的标准不确定度的估算。

(5) 掌握数据处理的基本方法和实验报告的要求。

【实验原理】

当某一种物质分布在空间、面和线上时,各微小部分所包含的质量与其长度、面积和体积之比统称为密度。密度可分为线密度、面密度和体密度,体密度常简称为密度。对于均匀物质来说,密度为物质的质量与其体积之比,设某一物体的质量、体积分别为 M、V,则其密度为

$$\rho = \frac{M}{V} \qquad\qquad (3-1-1)$$

在国际单位制中，密度的单位为 $kg \cdot m^{-3}$，常用单位还有 $g \cdot cm^{-3}$。

在本实验中，物体质量 M 用电子天平测出；对于体积 V，规则物体的体积可先用长度测量仪测出其边长，再求出体积。例如，圆柱体的密度公式为

$$\rho = \frac{M}{V} = \frac{M}{\pi \left(\dfrac{d}{2}\right)^2 h} = \frac{4M}{\pi d^2 h} \tag{3-1-2}$$

式中，d 为圆柱体的直径；h 为圆柱体的高。

【实验仪器】

本实验所用仪器有游标卡尺、螺旋测微计(外径千分尺)、电子天平、被测物(圆柱体、长方体、球体、金属丝等)。

1. 游标卡尺

1) 结构原理和读数

游标卡尺简称卡尺，它的外形与结构如图 3-1-1 所示，主要由主尺(最小刻度为 1 mm)以及套在主尺上可滑动的游标(副尺)组成。主尺上有两个固定钳口 A、A′，在游标上有两个固定钳口 B、B′ 和尾尺 C，D 是固定螺丝。钳口 A、B 称为外量爪，可用来测量物体的外部尺寸；刀口 A′、B′ 称为内量爪，可用来测量管的内径和槽宽；尾尺 C 可用来测量槽和小孔的深度。

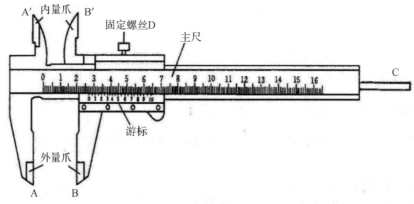

图 3-1-1 游标卡尺结构

主尺的最小分度为 1 mm，游标上也有刻度，以 10 分度游标为例，游标上 10 个小的等刻度的总长度等于 9 mm，因此游标上的每一小分度与主尺的最小分度相差 0.1 mm(即为分度值)。当钳口 A、B 合在一起时，游标的零刻度线与主尺的零刻度线重合；若在钳口 A、B 间卡上一个长度为 L 的物体，游标上的零刻度线对在主尺上的某一位置，物体长度的毫米以上整数部分 x 可以从游标"0"线所对主尺的位置直接读出；而毫米以下的部分 Δx，则可由游标读出，即找出游标上与主尺某刻线对得最齐的刻线。如图 3-1-2 所示，$x = 21$ mm，$\Delta x = \left(6 - 6 \times \dfrac{9}{10}\right)$ mm $= 6\left(1 - \dfrac{9}{10}\right)$ mm $= 6 \times 0.1 = 0.6$ mm，则 $L = x + \Delta x = 21.6$ mm。

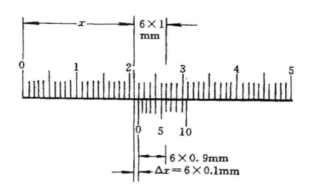

图 3-1-2　读数方法

对于一般情况，若游标上有 n 个分格，它的总长度与主尺上 $(n-1)$ 个最小分格的总长度相等，则每一游标分度的长度为

$$b = \frac{(n-1)a}{n}$$

式中，a 为主尺最小分度的长度 $(a = 1 \text{ mm})$。主尺的最小分度与游标分度的长度差为

$$a - b = a - \frac{(n-1)a}{n} = \frac{a}{n}$$

上式表示卡尺的分度值。显然，测量时若游标上的第 κ 条刻度线与主尺某一刻线对齐，则 $\Delta x = \kappa \cdot \frac{a}{n}$。

常用 $a = 1$ mm；$n = 10, 20, 50$；分度值分别为 0.1 mm、0.05 mm、0.02 mm。

为了读数方便，游标上标出的数字可直接读出毫米以下的数值（往往不是刻线序数）。在使用时，只要读出游标"0"线前主尺刻线所示的毫米整数，再找出游标上与主尺某刻线对得最齐的刻线，刻线系数乘以分度值即为毫米以下的长度。

2）注意事项和保养

（1）在移动游标时不要用力过猛，以免损坏钳口或使物体变形，影响测量准确度。

（2）读长度时应拧紧固定螺丝。

（3）卡尺使用过久会使零点不准，使用前应先确定零点误差，并注意正负规定，对测量结果加以修正。

（4）使用完毕应在卡尺表面涂抹黄油或机油，以防锈蚀，并轻轻放在卡尺盒内。

2．螺旋测微计

1）结构原理和读数

螺旋测微计又称千分尺，它是比游标卡尺更为精密的测长仪器。常用于测量细丝和小球的直径以及薄片的厚度等。螺旋测微计的外形与结构如图 3-1-3 所示。

螺母套管 B、固定套管 D 和测砧 E 都固定在尺架 G 上。D 上刻有一条横线（作为读数准线），横线上方刻有表示毫米数的刻线，横线下方刻有表示半毫米数的刻线。测微螺杆 A 和微分筒 C、棘轮旋柄 K 连在一起。通常，微分筒的一圈刻度为 50 分度，也有 25 分度和 100 分度的尺寸。现以 50 分度的微分筒为例，其测微螺杆的螺距为 0.5 mm，因此，测微螺杆旋转一周时，它沿轴线方向前进（或后退）0.5 mm；而每旋转一格时，其沿轴线前进（或后退）0.5/50＝0.01 mm。由此可见，该螺旋测微计的最小刻度为 0.01 mm，该值称为螺旋测微计的分度值。

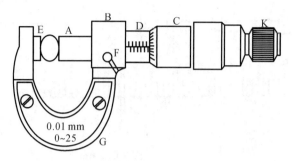

A—测微螺杆；B—螺母套管；C—微分筒；D—固定套管；
E—测砧；F—锁紧装置；G—尺架；K—棘轮旋柄

图 3-1-3　螺旋测微计结构

螺旋测微计借助螺旋转动，将螺旋的角位移转变为直线位移进行长度的精密测量。测量物体时，应先将测微螺杆 A 退开，把待测物体放在 E、A 的两测量面之间，然后轻轻转动棘轮旋柄 K，当发出"咔、咔"声时，两平面与物体接触的压力达到某一适当的值，这时就可读数，从主尺上读取 0.5 mm 以上的部分，从微分筒上读取余下尾数部分（估计到最小分度的十分之一），然后将两者相加。例如图 3-1-4(a) 中读数为 5.155 mm；(b) 中读数为 5.655 mm。

设置棘轮旋柄（即测力计）可保证每次测量时向被测物施加的压力适当，能保护螺旋测微器的精密螺纹，不使用棘轮而直接转动微分筒测量物体时，会因被测物的压缩效应无法精准测量。另外，如果不使用棘轮，在用力较大时，测杆上的螺纹将发生变形、增加磨损，降低了仪器的准确度，这是使用螺旋测微计必须注意的问题。

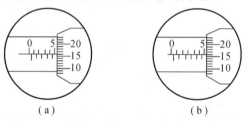

（a）　　　　（b）

图 3-1-4　读数方法

2）注意事项和保养

（1）检查零点读数，并对测量数据做零点修正，先使测微螺杆与测砧刚好接触，检查微分筒"0"线与度数准线是否重合，如果不重合，两者之差称为零点读数。应注意零点读数的正负，以便对测量数据进行零点修正。如图 3-1-5 所示的两个零点度数，要特别注意它们的符号不同，每次测量之后，要从测量值的平均值中减去零点读数。

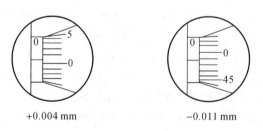

+0.004 mm　　　　−0.011 mm

图 3-1-5　零点读数

（2）检查零点读数和测量物体长度时，当测微螺杆与测砧(或被测物)将要接触时，切忌直接转动微分筒，以免因过分压紧而磨损螺纹，应轻轻转动棘轮旋柄，待发出"咔、咔"声时，转动锁紧旋钮，即可进行读数。

（3）测量完毕，应使测砧和测微螺杆间留出一点间隙，以免因热膨胀而损坏螺纹。

3. 电子天平

LP-2B 多功能电子天平外形图如图 3-1-6 所示，以此天平为例说明电子天平的操作方法。

（1）接通电源：打开电源开关，显示窗内全亮后，会依次显示"E-1"至"E-9"，表示计算机正在检查天平各个部件，然后显示"0.00 g"，就可进行称量了。

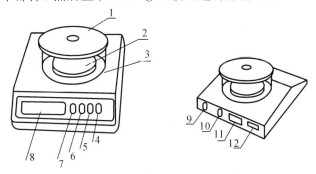

1—防风罩盖；2—秤盘；3—防风罩；4—计数键(N)；5—去皮键(T)；6—校准键(C)；7—打印键(P)
8—显示窗口；9—电源开关；10—电源插座；11—厂牌；12—数据输出插座

图 3-1-6 LP-2B 多功能电子天平外形图

（2）去皮：如果显示不为"0.00 g"，按去皮键 T，天平显示为"0.00 g"；当天平上放皮重时，待天平显示稳定后，按一下去皮键，显示值变为"0.00 g"，然后再称量时显示的即为净重。

（3）计数：当空盘显示为"0.00 g"时，放置一个单元样品，稳定后按计数键 N，然后去掉样品，使显示为"0.00 g"，再放置要测定数量的物品，即可显示该物品所包含单元样品的数值。

（4）校准：为读数精确，称量前可先进行校准，在校准前天平通电时间不少于 15 分钟。当空盘显示为"0.00 g"时，按校准键 C，然后放校准砝码，当天平发出"嘟"声，并显示校准重量，表示校准完成。然后取下标准砝码，天平自动恢复零点，即可进行称量。如果显示"CE"，则应重新关闭然后开启电源开关，待天平显示"0.00 g"后重新进行校准。

【实验内容与步骤】

（1）明确游标卡尺的分度值，观察零刻线是否对齐，若未对齐则应记下零点读数，并标明正负。

（2）用游标卡尺测量圆柱体的高及长方体的长、宽和高，在不同方位进行多次测量，测量一般不应少于 5 次，注意有效数字位数，并将测量数据记录在表格中。

（3）记录千分尺的零点读数，注意其正负。

（4）用千分尺测量圆柱体的直径、球的直径，在不同方位测量 5 次，并记录在表格中。

（5）用电子天平测量圆柱体(或长方体、球)的质量。

（6）计算圆柱体(或长方体、球)的密度，并计算不确定度。

【注意事项】

(1) 使用卡尺和千分尺时，应先检查起点误差(或称零点读数)，并注意规定零点读数的正负，以便对测量数据进行零点修正。

(2) 使用千分尺时，注意使用棘轮旋柄，以免过分压紧而损坏螺纹。

(3) 使用千分尺读数时，注意半毫米刻线。

(4) 被测物体的质量不得超过天平的最大称量。

(5) 天平要放在水平面上，被测物体要放在秤盘中间。

【分析思考】

(1) 游标卡尺和螺旋测微计是怎样实现精密测量的？它们的测量精密度是否可以无限提高？

(2) 测量物体的密度还可用什么仪器和方法？

(3) 液体、气体的密度可以用什么方法测量？

【数据记录】

实验数据记录表格可参考表 3-1-1～表 3-1-3。

表 3-1-1 用游标卡尺测量的值

游标卡尺的分度值为 0.02 mm，示值误差 $\Delta_{仪}=0.02$ mm，* 零点误差为(　　)

测量次数	1	2	3	4	5	平均值	* 修正值
圆柱体高 h/mm							
长方体长 a/mm							
长方体宽 b/mm							
长方体高 c/mm							

表 3-1-2 用螺旋测微计测量的值

螺旋测微计的分度值为 0.01 mm，示值误差 $\Delta_{仪}=0.004$ mm，零点误差为(　　)

测量次数	1	2	3	4	5	平均值	修正值
圆柱体直径 d/mm							
球直径 D/mm							
金属丝直径 d'/mm							

表 3-1-3 用电子天平测质量的值

电子天平的分度值为　　mm，最大称量　　，示值误差为(　　)

圆柱体质量 $M_{柱}$/g	长方体质量 $M_{长}$/g	球体质量 M_{k}/g

实验 3.2 单 摆

重力加速度是一个很重要的物理量，反映了地球表面上物体受到的地球吸引力，与地理位置、地面高度、地壳结构等诸多因素有关。重力加速度能反映出地表附近的地矿信息，研究重力加速度的分布情况在地球物理学中具有重要的意义。测量重力加速度的方法有落球法、斜面法、单摆法、复摆法、开特摆法等。本实验采用镜尺法测量摆线长度，利用集成开关型霍尔传感器和毫秒仪测量摆动周期，使测量结果较为精确。霍尔传感器在工业、交通、无线电等领域应用广泛，通过本实验可让学生对霍尔传感器的特性及其在自动测量和自动控制中的应用有所了解。

【实验目的】

（1）掌握用单摆测重力加速度的方法。
（2）练习使用毫秒仪与霍尔开关系统计时计数。
（3）验证单摆的周期与摆长的关系。
（4）了解单摆的周期与摆角的关系。
（5）学习用图解法处理数据。

【实验原理】

把一个金属小球拴在一根细而不可伸长的细线上，如细线的质量与小球质量相比小很多，小球的直径与细线的长度相比小很多，则此装置在重力作用下做幅角 θ 很小的摆动，这种装置即为单摆。

设小球的质量为 m，其质心到摆的支点 O 的距离为摆长 l，如图 3-2-1 所示，作用在小球上的切向力的大小为 $mg\sin\theta$ $\approx mg\theta$（当 θ 很小时 $\sin\theta \approx \theta$），该切向力总是指向平衡点 O'。按牛顿第二定律，质点的运动方程为

$$ma_t = mg\sin\theta \approx -mg\theta \qquad (3-2-1)$$

又因为 $a_t = l\dfrac{\mathrm{d}^2\theta}{\mathrm{d}t^2}$，所以

$$\frac{\mathrm{d}^2\theta}{\mathrm{d}t^2} = -\frac{g}{l}\theta \qquad (3-2-2)$$

这是一个简谐运动方程，可知该简谐振动周期为

$$T = 2\pi\sqrt{\frac{l}{g}} \qquad (3-2-3)$$

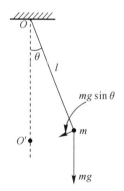

图 3-2-1 单摆原理

对于某一实验地点 g 是恒量，T 随 l 改变而变化，则

$$T^2 = \frac{4\pi^2}{g}l \qquad (3-2-4)$$

由上式可知，$T^2 - l$ 图线是一条直线，$\dfrac{4\pi^2}{g}$ 为直线的斜率，由实验数据画出 $T^2 - l$ 图线，由图线求出斜率即可求得重力加速度。

【实验仪器】

本实验所用仪器有单摆实验仪、计时计数毫秒仪、集成霍尔开关、小型钕铁硼磁钢、游标卡尺、直尺。

1. 单摆实验仪

单摆实验仪如图 3-2-2 所示，摆线上端固定点有一个线轮可调的摆长，立柱上装有固定标尺，零刻线和摆线上端固定点对齐，且还装有带横划线的平面镜，可沿立柱移动。利用镜尺法可以较精确地测量摆线长度。

2. 计时计数毫秒仪

连接好霍尔开关和毫秒仪之间的电缆线，接通电源，在金属小球底部贴一块小磁钢，在平面镜上方装上霍尔传感器，再移动至小球下方约 1.0 cm 处，使传感器能接收到小磁钢产生的磁场，毫秒仪指示灯变暗，磁场离开指示灯变亮，设备接收到一次信号灯就暗一次。

图 3-2-2 单摆实验仪

如图 3-2-3 所示为计时计数毫秒仪面板图。计时计数毫秒仪利用单片机芯片，同时具有计时和计数功能，有次数预置按键，可以任意调节计时次数 0~66 次。当小磁钢随小球从霍尔开关上方经过时，由于霍尔效应小球会向毫秒仪发送一个信号，使计时器开始或停止计时，单摆摆动一个周期次数显示 2 次。为了测量的精确度，实验开始后接收到第 3 个信号后再开始计时计数。

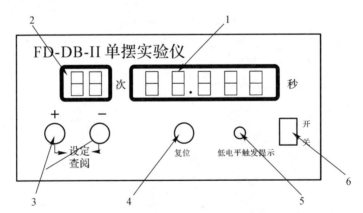

1—计时显示；2—计数显示；3—设定/查阅按键；4—复位；
5—低电平指示灯；6—电源开关

图 3-2-3 计时计数毫秒仪

计时计数毫秒仪读数精度为 1 ms，周期有存储功能，计时结束后可查阅每个振动周期值。

【实验内容与步骤】

（1）用游标卡尺测量小球的直径记为 $2r$，摆长 l 是摆线长加小球的半径。

（2）以静止的单摆线为铅垂线，调节底脚螺母使立柱垂直。

（3）测摆长。移动米尺上所附的平面镜，使摆长为 50 cm，调节摆线长度，使悬点在平面镜上的水平横划线处成像。通过仔细调节，使悬点、横划线、悬点的像 3 点共线。记录横划线在米尺上的读数及摆线的长度 l'。

（4）接通计时计数仪的电源，在平面镜上方装上传感器，再移动至摆球下方约 1.0 cm 处即可。在金属小球底部贴一块小型钕铁硼磁钢，调节传感器的位置，使传感器能接收到磁钢产生的磁场，此时低电平指示灯变暗。调节计时器预置开关次数为 20 次（即 10 个周期）。

（5）将小球拉开一段距离，用直尺测量摆幅，使球的振幅小于摆长的 $\dfrac{1}{12}$（即 $\theta < 50°$）。放开小球，让小球在传感器所在铅垂面内摆动，计时器自动计时，测出振动 10 个周期的时间。

（6）分别取摆长为 55 cm、60 cm、65 cm、70 cm、75 cm、80 cm，同步骤（5）测出对应周期。

（7）用秒表测某一摆长时的周期，测 3 次 20T 或 50T 的时间，并列表记录。

（8）测某一摆长摆角较大时的周期，与摆角较小时的周期进行比较，了解周期与摆角的关系。

（9）列表记录数据，画出 $T^2 - l$ 图。

（10）在直线上选取两点 $P_1(l_1,T_1^2)$，$P_2(l_2,T_2^2)$，由两点坐标求得斜率 $k = \dfrac{T_2^2 - T_1^2}{l_2 - l_1}$；再从 $k = \dfrac{4\pi^2}{g}$ 求得重力加速度。

（11）计算重力加速度的不确定度，得出结果。

【注意事项】

（1）小球必须在与支架平行的平面内摆动，不要发生锥摆。检验办法是检验低电平触发指示灯在小球经过平衡位置时是否闪亮，可知小球是否在一个平面内摆动。

（2）集成霍尔传感器与磁钢之间距离在 1.0 cm 左右。

（3）若摆球摆动时传感器感应不到信号，则将摆球上的磁钢换面装上即可。

（4）计数 2 次为 1 个周期，电子计时器每计时一次，指示灯亮一次。

（5）切勿用力拉动霍尔传感器，以免损坏。

（6）由于本实验采用微处理器对外部事件进行计数，因此有可能受到外部干扰信号的影响使微处理器处于非正常状态，如出现此情况按复位键即可。

【分析思考】

（1）测量周期时，为什么要测振动 10 次的时间，是否振动次数越多周期就会越准确？

（2）周期与摆幅是否有关系（从实验中得出结论）？

【数据记录】

实验数据记录表格可参考表 3－2－1～表 3－2－4。

表 3－2－1　测量摆长和对应的周期

用游标卡尺测量小球的直径 $2r =$

摆线长 l' /m	摆长 l /m	10T/s					
		第 1 次	第 2 次	第 3 次	第 4 次	第 5 次	平均值
	0.50						
	0.55						
	0.60						
	0.65						
	0.70						
	0.75						
	0.80						

表 3－2－2　摆长为 70 cm 时用秒表测的周期

次数	1	2	3	平均值
20T/s				

表 3－2－3　摆长为 70 cm 摆角较大时测的周期

次数	1	2	3	平均值
10T/s				

表 3－2－4　摆长和对应周期的平方

l /m				
T^2/s^2				

实验 3.3 杨氏弹性模量的测定

物体受外力作用时会发生形变,其内部应力和应变的比值称为杨氏弹性模量。杨氏弹性模量是描述固体材料抵抗形变能力的重要物理量,是工程技术中选定机械构件材料的参数之一。测量杨氏弹性模量的方法有拉伸法、梁的弯曲法等。本实验用伸长法测量金属材料的杨氏模量,由于金属材料受力作用时发生的形变很微小,因此把待测材料做成较长较细的金属丝。

【实验目的】

(1)学习用拉伸法测定金属丝的杨氏弹性模量。

(2)掌握用读数显微镜测量微小长度的方法。

(3)学会用逐差法处理数据的方法。

【实验原理】

设一根粗细均匀的金属丝长为 L,横截面面积为 S,其上端固定,下端悬挂砝码,金属丝在外力 F 的作用下发生形变,伸长 ΔL。根据胡克定律,在弹性限度内,金属丝的应力 $\dfrac{F}{S}$ 和产生的应变 $\dfrac{\Delta L}{L}$ 成正比,忽略其横截面积的变化,则

$$\frac{F}{S} = E\frac{\Delta L}{L} \qquad\qquad (3-3-1)$$

式中的比例系数 E 称为该种金属材料的杨氏弹性模量,在国际单位制中,E 的单位为 $N \cdot m^{-2}$。杨氏弹性模量 E 与 F、L、S 的大小无关,它完全决定于材料的性质,是表征固体材料性质的一个物理量。由上可知,在 F、L、S 相同的情况下,杨氏模量较大的金属丝伸长量 ΔL 较小,而杨氏模量较小的金属丝伸长量较大。因此,杨氏模量表征了材料抵抗外力产生拉伸(或压缩)形变的能力。

设金属丝的直径为 d,则 $S = \dfrac{1}{4}\pi d^2$,所以有

$$E = \frac{4FL}{\pi d^2 \Delta L} \qquad\qquad (3-3-2)$$

在测杨氏模量时,ΔL 是一个很小的量且不易测量,因此测定杨氏模量的装置都是围绕如何测准伸长量而设计的。本实验利用读数显微镜测量伸长量 ΔL。

【实验仪器】

本实验所用仪器有杨氏模量测定仪、读数显微镜、螺旋测微计、米尺、金属丝。

1. 金属丝支架

用伸长法测量杨氏模量装置如图 3-3-1 所示,金属丝(长约 1 m)支架顶端设有金属丝悬挂装置,金属丝长度可调。下端连接一个带有平面镜的小圆柱体,平面镜上有一条横刻线供读数使用。小圆柱体下端附有砝码托,支架下方还有一个钳形平台,用于限制小圆

柱体的转动和摆动。支架底脚螺丝可调。

2. 读数显微镜

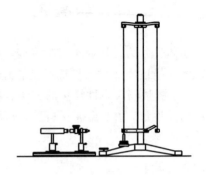

读数显微镜外形尺寸较小，安装在一个支架上，支架可在滑板上移动。读数显微镜的高度可调，用来观测金属丝下端小圆柱体上横刻线的位置及其变化。目镜前方装有分划板和标尺，鼓轮一圈有 100 分度，转动一周时目镜中分划板的横线在标尺上移动 1 mm，即分度值为 0.01 mm。以小圆柱体上的横刻线为目标，显微镜固定不动，测出金属丝下端施加力 F 前后横刻线所在位置对应的读数，则读数差就是力 F 对应的金属丝的伸长量。

图 3 - 3 - 1　杨氏模量实验装置

【实验内容与步骤】

(1) 调节仪器。① 调节支架铅直(用底脚螺丝调节)，使金属丝下端的小圆柱可与钳形平台无摩擦地上下自由移动。② 旋转金属丝上端夹具，使圆柱两侧刻槽对准钳形平台两侧的限制圆柱转动的小螺丝，两侧同时对称地将旋转螺丝旋入刻槽中部(千万不能拧紧)。③ 先调显微镜目镜直至可看到清晰的分划板，再将物镜对准小圆柱平面中部，调节显微镜前后距离，然后微调显微镜旁螺丝直到看清小圆柱平面中部上细横刻线的像，并消除视差(刻线与显微镜间距约 6 cm)。

(2) 观测伸长变化。① 为使砝码托平稳且金属丝无弯曲，可在装置下端先加一块较大的砝码，此时读数显微镜内小圆柱上的细横刻线指示的刻度为 A_0，记录其读数。② 在砝码托盘上逐次增加砝码(一次 100 g)，对应的读数为 $A_i(i = 1, 2, \cdots)$。③ 将所加的砝码逐个取下，记下对应的读数为 $A_i'(i = 1, 2, \cdots)$。将两次对应读数 A_i 与 A_i' 求平均 $\overline{A_i} = \dfrac{A_i + A_i'}{2}$。

(3) 用米尺测量金属丝长度 L，用螺旋测微计在金属丝的上、中、下不同的位置测量其直径 d(测 10 次)。注意记下外径千分尺的零点读数。

(4) 用逐差法对 $\overline{A_i}(i = 1, 2, \cdots)$ 进行处理，计算 ΔL 的值，即

$$\overline{\Delta L} = \frac{(\overline{A_4} - \overline{A_0}) + (\overline{A_5} - \overline{A_1}) + (\overline{A_6} - \overline{A_2}) + (\overline{A_7} - \overline{A_3})}{4}$$

$$E = \frac{4FL}{\pi d^2 \overline{\Delta L}}$$

式中，$F = \Delta Mg$，ΔM 为砝码质量，由于采用逐差法，ΔM 与每次所加砝码和所测刻度个数有关。例如，每次加 100 g 砝码，测得 8 个刻度，此时 $\Delta M = 400$ g，$F = \Delta Mg = 0.4 \times 9.8 = 3.92$ N。注意刻度差应与力对应。

(5) 计算 E 的值，并计算其不确定度(注意单位统一为国际单位)。

【注意事项】

(1) 实验前必须检查试样是否处于平直状态，如果有折痕或弯曲，需用木质螺丝刀柄的圆凹槽部位沿试样来回拉动，直至使试样平直后方可进行实验。

(2) 测量系统已经调节好后，在实验过程中不可再移动，否则已测得的数据无效，要重

新进行实验。

（3）注意维护金属丝的平直状态，使用外径千分尺测量其直径时勿将其扭折。

（4）$E = \dfrac{4FL}{\pi d^2 \Delta L}$ 中的刻度差 ΔL 与力 F 要对应。

（5）计算时注意单位统一为国际单位。

（6）砝码通常为 $50\ \text{g}$，如果金属丝直径在 $0.4\ \text{mm}$ 左右，每次加 $100\ \text{g}$ 砝码刻度变化较明显；如果金属丝直径在 $0.2\ \text{mm}$ 左右，每次加 $50\ \text{g}$ 砝码即可。测量过程中施加的力千万不要超过弹性限度。

【分析思考】

（1）对微小伸长量测量除读数显微镜方法外，还有哪些方法？

（2）在实验中不计起始砝码的重力，其质量的大小对实验结果有无影响？

（3）此实验为什么要用逐差法处理数据？

（4）根据不确定度估算，表达式中哪个量的影响较大？如何降低其影响？

【数据记录】

实验数据记录表格可参考表 $3-3-1$ 和表 $3-1-2$。

表 3-3-1　受力后金属丝伸长量测量

砝码质量/g	加 A_i /mm	减 A_i' /mm	平均值 $\overline{A}_i$ / mm	逐差法计算 ΔL/mm
0				$\overline{A}_4 - \overline{A}_0 =$
100				
200				$\overline{A}_5 - \overline{A}_1 =$
300				$\overline{A}_6 - \overline{A}_2 =$
400				
500				$\overline{A}_7 - \overline{A}_3 =$
* 600				
* 700				$\Delta L =$

表 3-3-2　金属丝直径 d 和长度 L

千分尺的零点读数

次数	1	2	3	4	5	6	7	8	9	10	平均值
d /mm											
L /mm							/	/	/	/	

实验3.4 三 线 摆

转动惯量是刚体转动惯性大小的量度，是表征刚体特性的一个物理量。物体的转动惯量对许多研究、设计工作都具有重要意义。刚体的转运惯量与刚体的大小、形状、质量、质量分布及转轴的位置有关。对于形状简单的均匀刚体，测出其外形尺寸和质量，即可用理论公式计算出其转动惯量；对于形状复杂、质量分布不均匀的刚体，通常利用实验来测定。刚体的转动惯量可以用转动仪、三线摆、扭摆等设备来测定。本实验利用三线摆测量圆环和圆盘的转动惯量，还可以验证转动惯量的平行轴定理，采用激光光电传感器与计时计数毫秒仪，测定悬盘的扭转周期。

【实验目的】

（1）在实验中加深对转动惯量概念的理解。
（2）掌握三线摆测转动惯量的原理和方法。
（3）进一步熟悉使用测量长度和时间的基本仪器。
（4）学习用激光光电传感器测量周期的方法。

【实验原理】

三线摆如图3-4-1所示，由三条等长的弦线连接上、下两个均匀的圆盘构成，每个圆盘上的3个悬点分别组成等边三角形，悬点到盘圆心的距离分别为 r 和 R，将两圆盘盘面调节呈水平状，两圆心在同一竖直线上，两盘间的距离为 H，当上盘固定，下盘可绕两盘圆心的连线 O_1O_2 做扭转振动。

设下圆盘的质量为 m_0，当它绕 O_1O_2' 做小角度 θ 扭动时，如图3-4-2所示，圆盘的位置升高 h，它的势能增加为 E_p，则 $E_p = m_0 gh$，式中 g 为重力加速度。这时圆盘的角速度为

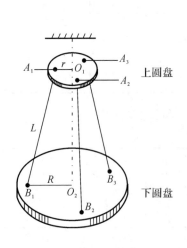

图3-4-1 三线摆

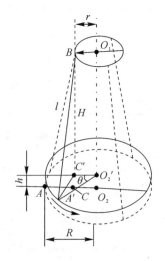

图3-4-2 下盘扭转 θ 角

$\dfrac{\mathrm{d}\theta}{\mathrm{d}t}$，它具有的动能为 $E_{\mathrm{k}} = \dfrac{1}{2} J_0 \left(\dfrac{\mathrm{d}\theta}{\mathrm{d}t}\right)^2$。$J_0$ 为圆盘对 $O_1 O_2'$ 轴的转运惯量，如果略去摩擦力，则按机械能守恒定律，圆盘的势能与动能之和应等于一个常量，即

$$\frac{1}{2} J_0 \left(\frac{\mathrm{d}\theta}{\mathrm{d}t}\right)^2 + m_0 g h = \text{常量} \qquad (3-4-1)$$

设悬线长为 l，上圆盘悬线距圆心为 r，下圆盘悬线距圆心为 R。当下圆盘转动角度 θ 时，从上圆盘 B 点作下圆盘垂线，与升高 h 前、后的下圆盘分别交于 C、C'，则

$$h = BC - BC' = \frac{BC^2 - BC'^2}{BC + BC'} \qquad (3-4-2)$$

因为

$$BC^2 = AB^2 - AC^2 = l^2 - (R-r)^2 \qquad (3-4-3)$$

$$BC'^2 = A'B^2 - A'C'^2 = l^2 - (R^2 + r^2 - 2Rr\cos\theta) \qquad (3-4-4)$$

所以

$$h = \frac{2Rr(1-\cos\theta)}{BC + BC'} = \frac{4Rr \sin^2 \dfrac{\theta}{2}}{BC + BC'} \qquad (3-4-5)$$

在扭转角较小时，$\sin\dfrac{\theta}{2}$ 近似等于 $\dfrac{\theta}{2}$，而 $(BC + BC')$ 可近似为两盘间距离 H 的二倍，则

$$h = \frac{Rr\theta^2}{2H} \qquad (3-4-6)$$

将式 $(3-4-6)$ 代入式 $(3-4-1)$ 中，并对 t 求导，可得

$$J_0 \frac{\mathrm{d}\theta}{\mathrm{d}t} \cdot \frac{\mathrm{d}^2\theta}{\mathrm{d}t^2} + m_0 g \frac{Rr}{H}\theta \frac{\mathrm{d}\theta}{\mathrm{d}t} = 0$$

即

$$\frac{\mathrm{d}^2\theta}{\mathrm{d}t^2} = -\frac{m_0 g Rr}{J_0 H}\theta \qquad (3-4-7)$$

式 $(3-4-7)$ 为简谐振动方程，该振动的角频率 ω 的平方为 $\omega^2 = \dfrac{m_0 g Rr}{J_0 H}$，而振动周期 T_0 等于 $\dfrac{2\pi}{\omega}$，所以

$$T_0^2 = \frac{4\pi^2 J_0 H}{m_0 g Rr} \qquad (3-4-8)$$

则下盘绕 $O_1 O_2$ 轴转动惯量为

$$J_0 = \frac{m_0 g Rr}{4\pi^2 H} T_0^2 \qquad (3-4-9)$$

由此可见，只要测出 r、R、H、m_0 和 T_0，就可计算出下圆盘绕 OO' 轴的转动惯量。

如在下盘放置另一个质量为 m_1，转动惯量为 J_1（对轴 $O_1 O_2$）的物体时，测出振动周期 T，根据各物体对同一轴的转动惯量满足线性相加减的关系，则有

$$J = J_1 + J_0 = \frac{(m_1 + m_0) g Rr}{4\pi^2 H} T^2$$

所以

$$J_1 = J - J_0 = \frac{g Rr}{4\pi^2 H}\left[(m_1 + m_0) T^2 - m_0 T_0^2\right] \qquad (3-4-10)$$

由此就可以测出放在下盘上物体绕 O_1O_2 轴的转动惯量，这就是三线摆测物体转动惯量的原理。

这里需特别强调，r 和 R 分别是上圆盘和下圆盘线的悬点到盘心的距离，测量时分别测出 3 个悬点组成的等边三角形的边长 a 和 b，再根据边角关系求出 r 和 R，即 $r = \dfrac{a}{\sqrt{3}}$，$R = \dfrac{b}{\sqrt{3}}$。

则

$$J_1 = J - J_0 = \frac{gab}{12\pi^2 H}\left[(m_1 + m_0)T^2 - m_0 T_0^2\right] \tag{3-4-11}$$

【实验仪器】

本实验所用仪器有三线摆装置、激光光电传感器、计时计数毫秒仪、米尺、游标卡尺、气泡水准仪、电子天平、待测圆环和圆盘。

三线摆实验装置如图 3-4-3 所示。

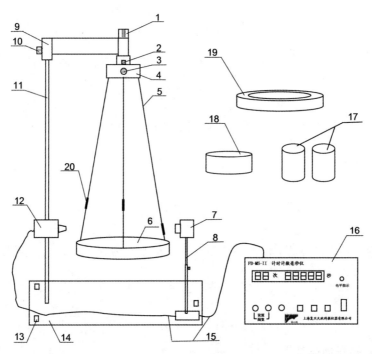

1—启动盘锁紧螺母；2—摆线调节锁紧螺栓；3—摆线调节旋钮；4—上盘（启动盘）；5—摆线（其中一根线挡光计时）；6—下盘（悬盘）；7—光电接收器；8—接收器支架；9—悬臂；10—悬臂锁紧螺栓；11—支杆；12—半导体激光器；13—调节脚；14—底板；15—连接线；16—计时计数毫秒仪；17—小圆柱样品（验证平行轴定理）；18—圆盘样品；19—圆环样品；20—挡光标记

图 3-4-3 三线摆实验装置

计时计数毫秒仪内置单片机芯片，同时具有计时和计数功能，设有次数预置按键。当光电接收器接收到激光信号时，毫秒仪上的触发指示灯变暗，光线被挡时指示灯变亮，挡一次亮一次，毫秒仪计数一次。在下盘做周期性扭转时，使一根摆线挡光，一个周期次数显示 2 次。本实验测定周期的方法和实验 3.2 类似，不同的是一个用激光作为信号，一个用磁场作为信号。

【实验内容与步骤】

(1) 调节三线摆。

① 调节上盘(启动盘)水平：将圆形水平仪放到旋臂上，调节底板调节脚，使其水平。

② 调节下悬盘水平：将圆形水平仪放至悬盘中心，调节摆线锁紧螺栓和摆线调节旋钮，使悬盘水平。

(2) 调节激光器和计时计数毫秒仪。

① 将光电接收器置于一个适当位置，调节激光器位置，使其和光电接收器位于同一水平线上。打开电源，将激光束调整到光电接收器的小孔上，使毫秒仪上的低电平指示灯变暗(注意此时切勿直视激光光源)。

② 设置计时计数毫秒仪的预置次数为 20 次(即 10 个周期)。

③ 再调整启动盘，使一根摆线靠近激光束。

(3) 测量下悬盘的扭转周期 T_0：下盘处于静止状态时，轻快转动上盘，使下盘做扭转角较小(在 5 度角内)的振动，测出 10 个周期的时间(注意振动过程中只能有一根摆线挡光)，多次测量。

(4) 分别将圆环和圆盘放置于下盘，并使它们和下盘同心，重复上述步骤分别测出周期 T_1 和 T_2。

(5) 用米尺测量上下圆盘之间的距离 H；用卡尺分别测出上、下盘上两悬点的距离 a、b，圆环的内、外直径 $D_内$ 和 $D_外$，圆盘的直径 D；用天平分别测出下盘、圆环和圆盘的质量。

(6) 分别计算出圆环、圆盘绕中心对称轴的转动惯量。

(7) 利用公式计算出圆环、圆盘转动惯量的理论值，并将实验值与理论值比较算出百分误差。

(8) 圆环和圆盘的质量接近，比较它们的转动惯量，得出质量分布与转动惯量的关系。

【注意事项】

(1) 在振动过程中尽量不要摆动，特别是扭转角较小的振动。正确的启动方法是：等下盘完全处于静止状态时，轻快转动上盘使下盘平稳地扭动。

(2) r 和 R 分别是线的悬点到上、下圆盘圆心的距离。

(3) 放置圆环和圆盘时，必须使其中心与下盘中心重合。

【分析思考】

(1) 三线摆能否测量任意形状的物体对某一确定轴的转动惯量？

(2) 三线摆经过什么位置时开始计时误差较小？

(3) 摆动中由于空气阻力，三线摆的振幅越来越小，周期有无变化？

【数据记录】

实验数据记录表格可参考表 3-4-1 和表 3-4-2。

表 3 - 4 - 1 测量长度

次数	1	2	3	4	5	平均值
a /cm						
b /cm						
H /cm						

表 3 - 4 - 2 测量圆环和圆盘的转动惯量

下盘质量 $m_0 =$ ，圆环质量 $m_1 =$ ，圆盘质量 $m_2 =$ ，环 $D_外 =$ ，环 $D_内 =$ ，盘 $D =$

次数	1	2	3	4	5	平均值
$10T_0$ /s						
$10T_1$ /s						
$10T_2$ /s						

实验 3.5　弹簧振子的研究

自然界存在各种振动现象，钟摆的来回摆动、活塞的往复运动、桥梁随车辆的通过而振动、弹拨乐器琴弦的振动、弹簧的振动、分子的微观振动等都属于振动。在物体的周期运动中，最简单、最基本且最有代表性的振动形式是简谐振动。简谐振动是一切周期运动的基础，一切复杂的振动都可以分解为若干个简谐振动，因此研究简谐振动有着重要意义。

【实验目的】

(1) 验证胡克定律，测量弹簧劲度系数。

(2) 验证弹簧振子的运动规律。

(3) 研究弹簧质量对振动的影响，测量弹簧的有效质量。

(4) 进一步熟悉用图解法处理数据的方法。

【实验原理】

1. 胡克定律

弹簧在外力作用下将产生形变(伸长或缩短)，并满足胡克定律，即在弹性限度内外力 F 和它的形变量 Δx 成正比，即

$$F = k\Delta x \tag{3-5-1}$$

式中，k 为弹簧的劲度系数，取决于弹簧的形状、材料的性质，单位为 $\mathrm{N \cdot m^{-1}}$。

2. 简谐振动

设弹簧的劲度系数为 k，悬挂负载质量为 m，由于弹簧本身的质量对振动周期有影响，在不可忽略弹簧质量的情况下，其振动周期为

$$T = 2\pi \sqrt{\frac{m + cm_0}{k}} \tag{3-5-2}$$

式中，m_0 为弹簧本身的质量；c 为折合系数($c < 1$)，cm_0 为弹簧的折合质量(或称为有效质量)。由上式得

$$T^2 = \frac{4\pi^2}{k}m + \frac{4\pi^2}{k}cm_0 \tag{3-5-3}$$

由此可见周期的平方 T^2 与负载质量 m 呈线性关系。当测出不同负载时的对应周期后，作出 $T^2 - m$ 图，即可根据图线的斜率和截距求出劲度系数 k 和折合系数 c。

【实验仪器】

本实验所用仪器有焦利秤、柱形弹簧、砝码托盘及砝码、计时计数毫秒仪、集成霍尔开关、小磁钢、电子天平。

弹簧振子实验装置如图 3-5-1 所示。

1. 焦利秤

焦利秤立柱上有固定的标尺，标尺量程为 0～600 mm，读数精度为 0.02 mm，游标尺

上带有平面镜和横刻线，初始砝码上有小指针。利用镜尺法（三线对齐）可以较准确的测量弹簧的伸长量。霍尔开关可以固定在游标尺上，随着游标尺上下移动；小磁钢可以贴在20 g和50 g左右的砝码下面。

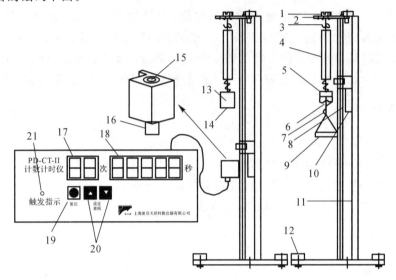

1—调节旋钮（调节弹簧与主尺之间的距离）；2—横臂；3—吊钩；4—弹簧；5—初始砝码；6—小指针；7—挂钩；8—小镜子；9—砝码托盘；10—游标卡尺；11—主尺；12—水平调节螺丝；13—砝码；14—小磁钢；15—集成霍尔开关传感器；16—同轴电缆接线柱；17—计数显示；18—计时显示；19—复位键；20—设定/查阅功能按键；21—触发指示灯

图 3-5-1　弹簧振子实验装置

2. 计时计数毫秒仪

连接好霍尔开关和毫秒仪之间的电缆线，接通电源，在砝码底部贴一块小磁钢，在游标尺上装上霍尔开关，再移动游标尺到砝码下方适当位置（观察振动振幅大小）。小磁钢产生的磁场被传感器接收到，毫秒仪指示灯变暗，磁场离开指示灯变亮，接收到一次信号灯就暗一次。

计时计数毫秒仪利用单片机芯片，同时具有计时和计数功能，设有次数预置按键，从0～66次可以任意调节计时次数。当小磁钢随砝码从霍尔开关上方经过时，由于霍尔效应给毫秒仪一个信号，使计时器开始或停止计时，弹簧振动一个周期次数显示1次。为了测量的精确度，应使计时器接收到第3个信号后再开始计时计数。

计时计数毫秒仪读数精度为 1 ms，周期有存储功能，计时结束后可查阅每个振动周期值。本实验测周期的方法和实验 3.2 相同，不同的是一个霍尔开关在最大位移处，另一个则在平衡位置处。

【实验内容与步骤】

1. 测定弹簧的劲度系数 k

（1）调节底脚螺丝，使底板水平，立柱竖直；在主尺顶部安装弹簧，再依次挂入吊钩、初始砝码、砝码托盘。

（2）调整小游标的高度使基准刻线大致对准指针，锁紧固定小游标的螺钉，再调节小游标上的调节螺母，使得小游标上的基准刻线被指针挡住（三线对齐），通过主尺和游标尺读出刻度 x_0。

（3）依次在砝码托盘中放入 1.0 g 砝码，重复实验步骤（2），分别读出对应位置的刻度 $x_1, \cdots$，再依次把砝码取下，记下对应的刻度。

（4）用逐差法或作图法处理数据（$mg = k\Delta x$，注意单位统一，Δx 要与质量对应），求得弹簧的劲度系数 k。

2. 测量弹簧简谐振动周期并计算弹簧的劲度系数 k、折合系数 c

（1）用天平测出弹簧的质量 m_0、砝码和小磁钢的质量 m'。

（2）取出弹簧下的砝码托盘、吊钩和初始砝码，挂入 20 g 左右的铁砝码，铁砝码下吸有磁钢片。

（3）把传感器附板夹入固定架中，固定架的另一端由一个锁紧螺丝把传感器附板固定在游标尺的侧面，用导线将传感器与计时器连接，打开计时器开关。

（4）调整传感器固定板的方位与横臂的方位，使磁铁与霍尔传感器正面对准，并调整小游标的高度，以便小磁钢在振动过程中触发霍尔传感器。当传感器被触发时，计时计数毫秒仪上的触发指示灯将变暗。

（5）按住上升键，使预置计数值为 10 次（即 10 个周期）。

（6）向下拖动砝码使其拉伸一定距离，使小磁钢面贴近霍尔传感器的正面，这时可看到触发指示灯是暗的，然后松开手，让砝码来回振动，此时指示灯闪烁。

（7）计时停止后，记录 10 个周期的时间，10 个周期测 3 次。

（8）依次加 5 g 砝码，测其对应的振动周期，列表记录数据。注意负载质量不要超过 50 g。在同一个负载，不同振幅情况下测周期，观察周期与振幅是否有关。

（9）作出 $T^2 - m$ 图，在图线上选取适当两点，求出直线的斜率和截距，进一步求出 k 和 c。

【注意事项】

（1）弹簧下不要挂太重的物体，振动时振幅也不要过大，更不要用力去拉弹簧，以免发生非弹性形变。

（2）若小磁钢在霍尔开关附近不到 1cm 处时，毫秒仪的指示灯不变，将小磁钢换个面装上即可。

（3）振动过程尽量避免摆动现象。

（4）砝码取下后应放入砝码盒中。

（5）切勿将小指针弯折，以防止其变形。

（6）做完实验后，为防止弹簧长期处于拉伸状态，需将弹簧取下，使弹簧恢复自然状态。

【分析思考】

（1）不同形状弹簧的 c 值是否相同？以什么形状的弹簧作为轻弹簧较好？

（2）同一个弹簧在竖直方向振动和在水平方向振动时折合系数 c 是否相同？

【数据记录】

实验数据记录表格可参考表 3-5-1 和表 3-5-2。

表 3-5-1 所加砝码和对应刻度

砝码质量/g	（加）x_i 刻度/mm	（减）x_i 刻度/mm	平均刻度/mm
0			
1			
2			
3			
4			
5			
6			
7			

* 用逐差法求得弹簧的伸长量，利用胡克定律求出弹簧的劲度系数。注意伸长量要与力（Δmg）对应，所有物理量的单位都要用国际单位。

表 3-5-2 负载质量 m 和对应振动周期 T

弹簧质量 $m_0 =$ ，砝码和磁钢质量 $m' =$

m/g	m'	$m'+5$	$m'+10$	$m'+15$	$m'+20$
$10\,T$/s（测 3 次）					
T/s					
T^2/s^2					

实验 3.6　速度和加速度的测定

速度和加速度是运动学中的重要物理量，而速度和加速度的测定均依赖于瞬时速率的测定，所以瞬时速率的测定是力学实验中的重要问题。在一般情况下，要使物体做匀速直线运动是很困难的，因为摩擦力总是难以消除。气垫技术提供了气垫导轨、气垫桌等近似无摩擦的力学实验装置。本实验利用气垫导轨和光电计时系统，测量速度、加速度以及重力加速度。

【实验目的】

(1) 了解气垫导轨的构造和调整方法。

(2) 掌握利用光电计时系统测量时间、速度及加速度的方法。

(3) 学会用气垫导轨测量速度和加速度的方法。

(4) 学习一种对称操作补偿法减小误差。

(5) 利用倾斜气垫导轨测量重力加速度。

【实验原理】

物体做直线运动时，如果在某一时刻 t 到 $(t+\Delta t)$ 的时间间隔内，通过的位移为 Δx，则物体在该 Δt 的时间间隔内的平均速度为

$$\bar{v} = \frac{\Delta x}{\Delta t} \tag{3-6-1}$$

该时刻 t 的瞬时速度为

$$v = \lim_{\Delta t \to 0} \frac{\Delta x}{\Delta t} \tag{3-6-2}$$

显然，Δt 越小，$\bar{v}$ 就越接近于瞬时速度。在实验中要测量物体在某时刻（或某位置）的瞬时速度是无法实现的，通常是选取较小的位移 Δx，以保证 Δt 很小，在一定的误差范围内用平均速度代替瞬时速度。但位移并不是越小越好，位移太小，时间测量的误差就会增大。通常，气垫导轨上的实验小位移 $\Delta x = 1$ cm。

滑块在气轨上运动会受到与速度成正比的黏性阻力，设在两光电门之间的平均阻力为

$$F_阻 = b\bar{v} = b \cdot \frac{v_A + v_B}{2} \tag{3-6-3}$$

式中，b 为黏性阻尼常量；v_A、v_B 分别为滑块在两个光电门处的速度。在调平的导轨上，滑块运动过程中所受合力即为阻力，由功能原理得

$$F_阻 s = \frac{1}{2}m(v_A^2 - v_B^2) \tag{3-6-4}$$

式中，s 为两光电门之间的距离，则

$$b = \frac{m(v_A - v_B)}{s} = \frac{m}{s} \cdot \frac{\Delta v_{AB} + \Delta v_{BA}}{2} \tag{3-6-5}$$

式中，Δv_{AB} 和 Δv_{BA} 分别为在调平的导轨上滑块从两个方向上运动的速度损失。调平气轨后，将气轨一端垫高 h，气轨下两支脚间距离为 L，当滑块从倾斜轨上下滑时，视为匀加速直线运动，当两光电门之间的距离为 s，滑块在两个光电门处的速度分别为 v_A、v_B，通过两光电门的时间为 t，则滑块的加速度为

$$a = \frac{v_B^2 - v_A^2}{2s} \text{ 或 } a = \frac{v_B - v_A}{t} \qquad (3-6-6)$$

倾斜气垫导轨如图 3-6-1 所示，设导轨倾斜角为 θ，$\sin\theta = \dfrac{h}{L}$，则根据牛顿第二定律得

下滑时
$$ma = mg\sin\theta - b\bar{v} \qquad (3-6-7)$$

上滑时
$$-ma' = mg\sin\theta + b\bar{v} \qquad (3-6-8)$$

利用对称操作补偿法抵消阻力的作用（此方法要求下滑和上滑时的平均速度尽量接近），得

$$g = \frac{(a-a')L}{2h} \qquad (3-6-9)$$

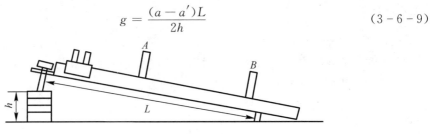

图 3-6-1 倾斜气垫导轨

【实验仪器】

本实验所用仪器有导轨、滑块、光电门、挡光片、数字毫秒计、气源、垫块、游标卡尺、电子天平。气垫导轨装置如图 3-6-2 所示。

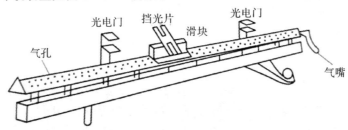

图 3-6-2 气垫导轨

1. 导轨

导轨由长 1.5 m～2.0 m 的三角形中空铝型材制成。轨面上两侧各有两排直径为 0.4 mm～0.6 mm 的喷气孔，导轨一端装有气嘴，当压缩空气进入管腔后，就会从小孔喷出，在轨面与轨道滑块之间形成很薄的空气膜（即所谓气垫），可将滑块从导轨面上托起（约 0.15 mm），从而把滑块与导轨之间接触的滑动摩擦变成空气层之间的气体内摩擦，极大地减小了摩擦力的影响。导轨两端有缓冲弹簧，一端有滑轮，整个导轨安装在钢梁上，其下有 3 个用以调节导轨水平的底脚螺丝。

2. 滑块

滑块用角形铝材制成，其两侧内表面和导轨面精密吻合，两端装有缓冲弹簧，其上面可安装挡光片或附加重物（勿将不同导轨的滑块交换使用）。

3. 光电门

光电门由聚光灯泡和光电管组成，立在导轨的一侧，可在导轨上任意位置固定。光电

管与数字毫秒计相接，当有光照到光电管上时，光电管电路导通，这时如挡住光路，光电管为断路，通过数字毫秒计门控电路，会输出一个脉冲使数字毫秒计开始或停止计时。滑块上的挡光片在光电门中通过一次，数字毫秒计将显示出从开始计时到停止计时相应的时间 Δt 。如相应的挡光片宽度为 Δx ，则可得出滑块通过光电门的平均速度 $\bar{v} = \dfrac{\Delta x}{\Delta t}$ 。

4. 挡光片

挡光片由金属片制成，图 3-6-3 是一个凹字形挡光片（除此外还有一定宽度的条形挡光片）。Δx 是挡光片第一前沿到第二前沿的距离。

5. 数字毫秒计

数字毫秒计采用单片微处理器程序化控制，可广泛应用于各种计时、计数、计频、测速实验。在与气垫导轨配套使用时，具有将所测时间直接转换为速度、加速度值的功能，还

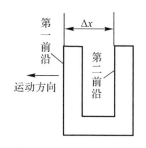

图 3-6-3　挡光片

具有记忆存储功能，可记忆多组实验数据。选择不同的功能时，要选择与之对应的挡光片，并要与毫秒计设定的挡光片宽度一致。不同型号毫秒计的使用和操作方法稍有不同，在使用仪器前需仔细阅读说明书。

【实验内容与步骤】

（1）安装好各仪器，正确接好毫秒计和光电门之间的连线，并使它们处于正常工作状态。

（2）调平导轨（静态调平或动态调平）。

① 静态调平：接通气源，将滑块轻轻放在导轨上不同的位置，如滑块向某一方向运动，调节导轨底脚螺丝，直到滑块能静止在导轨上。因导轨存在一定的弯曲，滑块不可能在各处都能静止。

② 动态调平：将导轨上两光电门置于适当的位置，因为滑块与导轨间还存在较小的阻力，所以如使滑块自由运动，先通过光电门 A ，再通过光电门 B 时，有 $v_A > v_B$ ；反之，有 $v'_A < v'_B$ 。若 $(v_A - v_B)$ 与 $(v'_B - v'_A)$ 很接近（或测出的加速度基本相等），则可认为导轨基本水平。

（3）测量黏性阻尼常量 b ：调平导轨后，测量两个方向的速度损失 Δv_{AB} 和 Δv_{BA} 。测量速度损失时，滑块速度要小一些，且要平稳，则

$$b = \frac{m}{s} \cdot \frac{\Delta v_{AB} + \Delta v_{BA}}{2}$$

（4）将导轨一端垫高 2 cm～4 cm，分别使滑块下滑、上滑（下滑和上滑时的平均速度尽量接近），记下各自的速度和加速度，多次测量。

（5）测出垫块高度、导轨两支脚间距离、两光电门间距离和滑块的质量，并将计算的速度和加速度与仪器测出的值进行比较。

（6）求出重力加速度。

【注意事项】

（1）导轨与滑块的内表面要求有较高的光洁度，配合严密，因此在导轨未通气时严禁

滑块在导轨上滑动，以免将装置表面划伤和碰坏，使摩擦阻力增大。滑块与导轨是成套设备，不得彼此换用。

（2）保持导轨表面清洁，防止气孔堵塞。实验前要用棉纱沾少许酒精将导轨表面和滑块内表面擦洗干净。实验后取下滑块，拿掉垫块，轻轻平放在水平面上，以免导轨变形；然后盖上布罩，防止灰尘落入气孔，如发现有堵塞，可用细钢丝通孔。

（3）实验时首先要调整导轨水平，可通过调节 3 个底脚螺丝来实现。

（4）实验完毕后，先将滑块从导轨上取下，再关闭气源。

（5）无论是在调平过程中，还是在测量速度和加速度过程中，滑块总是处于自由运动状态。

【分析思考】

（1）如何测得瞬时速度？如何求得平均加速度？

（2）每一次测得重力加速度 g 稍有不同的主要原因是什么？

（3）在倾斜导轨上测量重力加速度，计算不计阻力和考虑阻力的结果，比较测量结果并分析阻力的影响。

【数据记录】

实验数据记录表格可参考表 3-6-1～表 3-6-3。

表 3-6-1 测量黏性阻尼常量

$m =$ ，$s =$

次数	1	2	3	4	5
$\Delta v_{AB} / \mathrm{cm \cdot s^{-1}}$					
$\Delta v_{BA} / \mathrm{cm \cdot s^{-1}}$					
$b / \mathrm{g \cdot s^{-1}}$					

表 3-6-2 测量滑块在倾斜气轨上的速度和加速度

次数	1	2	3	4	5
$v_A / \mathrm{cm \cdot s^{-1}}$					
$v_B / \mathrm{cm \cdot s^{-1}}$					
t / s					
$a / \mathrm{cm \cdot s^{-2}}$					

表 3-6-3 测量重力加速度

$h =$ ，$L =$

次数	1	2	3	4	5
$a / \mathrm{cm \cdot s^{-2}}$					
$a' / \mathrm{cm \cdot s^{-2}}$					
$g / \mathrm{cm \cdot s^{-2}}$					

实验 3.7　碰撞实验

如果一个系统所受的合力为零，则该系统总动量保持不变，这一结论称为动量守恒定律。妙趣横生的台球、刺激过瘾的碰碰车等都遵从了动量守恒定律。只要质点系的动量守恒，人们可以用多种方式改变部分系统的速度，使其他部分产生所需的速度或动量来为人们所利用。火箭与其他喷气式飞行器一样，都是靠气流喷出时的反冲作用获得巨大速度的。

【实验目的】

（1）验证动量守恒定律。
（2）了解弹性碰撞和非弹性碰撞的特点。
（3）学习用比较数据法验证物理规律的方法。

【实验原理】

若物体系所受合外力在某个方向的分量为零，则此物体系的总动量在该方向上守恒。本实验是检验两个物体沿直线做对心碰撞时，如果保证在碰撞方向上不受其他外力作用，则碰撞前后的动量保持不变，即

$$m_1 v_{10} + m_2 v_{20} = m_1 v_1 + m_2 v_2 \qquad (3-7-1)$$

式中，v_{10}、v_{20} 和 v_1、v_2 分别是 m_1、m_2 两物体碰撞前、后的速度，取某一方向为正方向，其值以正负值代入。

碰撞前、后动量和动能都守恒的碰撞是弹性碰撞；碰撞后两个物体合在一起以相同的速度运动的碰撞是完全非弹性碰撞；其余的一般碰撞则为非完全弹性碰撞。

牛顿总结出的一个碰撞定律为：碰撞后两物体的分离速度（$v_2 - v_1$）与碰撞前两物体的接近速度（$v_{10} - v_{20}$）成正比，比值由两物体材料的性质决定，即

$$e = \frac{v_2 - v_1}{v_{10} - v_{20}} \qquad (3-7-2)$$

式中，比值 e 叫作恢复系数。当 $e = 1$ 时，为弹性碰撞；当 $e = 0$ 时，为完全非弹性碰撞；当 $0 < e < 1$（为了计算简便，可取 $v_{20} = 0$）时，一般为非弹性碰撞。

【实验仪器】

本实验所用仪器有导轨、滑块、光电门、挡光片、数字毫秒计、气源、搭扣、砝码、游标卡尺、电子天平（仪器简介参考实验 3.6）。

【实验内容与步骤】

（1）安装好仪器，并调平导轨（参考实验 3.6）。
（2）验证弹性碰撞：两滑块有弹片端相互碰撞，可近似认为是弹性碰撞。
（3）验证完全非弹性碰撞：两滑块有尼龙搭扣端相互碰撞，碰后黏合在一起，以相同的速度运动。

（4）计算碰撞前后的动量之比、碰撞前后的动能变化及弹性恢复系数。

（5）由数据得出相应结论。

【注意事项】

（1）导轨与滑块的内表面要求有较高的光洁度，配合严密，因此在导轨未通气时严禁滑块在导轨上滑动，以免将装置表面划伤和碰坏，使摩擦阻力增大。滑块与导轨是成套设备，不得彼此换用。

（2）保持导轨表面清洁，防止气孔堵塞。实验前要用棉纱蘸少许酒精将导轨表面和滑块内表面擦洗干净。实验后取下滑块，轻轻平放在水平面上，以免导轨变形；然后盖上布罩，防止灰尘落入气孔，如发现有堵塞，可用细钢丝通孔。

（3）在弹性碰撞时，应保证两滑块的质量相等，或者质量大小相差较大，以免碰撞后速度较小无法测量。

（4）实验时速度不要太大，注意速度的方向，并用"＋"或"－"表示。

（5）滑块尽量在碰撞前后最短距离通过光电门，以减小导轨的不平直、空气阻力及黏滞阻力对测量结果的影响。

（6）实验完毕，先将滑块从导轨上取下，再关闭气源。

【分析思考】

（1）当 $m_1 < m_2$ 碰撞时，与 $m_1 > m_2$ 碰撞时，哪一种测量误差可能小些？

（2）如何从物理意义上理解完全弹性碰撞与非完全弹性碰撞的差异。

（3）对完全非弹性碰撞系统，能量损失大小与两物体的质量比有无关系？

【数据记录】

实验数据记录表格可参考表 3－7－1 和表 3－7－2。

表 3－7－1 弹性碰撞

$m_1 = \qquad$ ，$m_2 = \qquad$ ，$v_{20} = 0$

次数	1	2	3	4	5
v_{10} /cm·s^{-1}					
v_1 /cm·s^{-1}					
v_2 /cm·s^{-1}					
$m_1 v_{10}$ /g·cm·s^{-1}					
$m_1 v_1 + m_2 v_2$ /g·cm·s^{-1}					
$\dfrac{m_1 v_{10}}{m_1 v_1 + m_2 v_2}$					
l /cm					
ΔE_k /J					

表 3 - 7 - 2　完全非弹性碰撞

次数	1	2	3	4	5
v_{10} /cm $\cdot$ s^{-1}					
v /cm $\cdot$ s^{-1}					
$m_1 v_{10}$ /g $\cdot$ cm $\cdot$ s^{-1}					
$(m_1 + m_2)v$ /g $\cdot$ cm $\cdot$ s^{-1}					
$\dfrac{m_1 v_{10}}{(m_1 + m_2)v}$					
ΔE_k /J					

实验 3.8　牛顿第二定律的验证

验证性实验都是在某一理论已知的条件下进行的，所谓验证，就是把实验结果与已知理论相比较，观察是否一致。当然，要做到完全一致是不大可能的，只要两者之差是在误差允许的范围内即可。验证性实验可分为直接验证和间接验证两类，本实验属于直接验证，即对理论所涉及的物理量均在实验中直接测定，并研究它们之间的定量关系。

【实验目的】

（1）进一步熟悉气垫导轨的调整和数字毫秒计的使用。
（2）学习用作图法验证物理规律的方法。
（3）验证牛顿第二运动定律。

【实验原理】

牛顿第二定律的数学表达式为

$$\vec{a} = \frac{\vec{F}}{M} \qquad (3-8-1)$$

即物体所获得加速度的大小与所受合外力的大小成正比，与物体的质量 M 成反比，加速度的方向与合外力的方向相同。因此在实验中，当物体的质量 M 一定时，$F-a$ 图线为一条直线。

验证牛顿第二定律实验装置如图 3-8-1 所示，本实验是将细线的一端系在滑块上，另一端绕过导轨一端的定滑轮挂上砝码，这样就组成了一个运动系统。运动系统的质量应是滑块质量 m_1、全部砝码（参与运动的）质量 m' 以及滑轮转动惯量的换算质量 $\frac{I}{r^2}$（I 为滑轮转动惯量，r 为半径）之和（忽略细线的质量），即 $M = m_1 + m' + \frac{I}{r^2}$。由于定滑轮很轻很小，$\frac{I}{r^2}$ 和 m_1、m' 比较可以忽略不计，则 $M = m_1 + m'$。

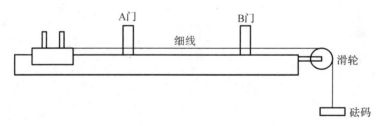

图 3-8-1　气垫导轨装置

滑块在气轨上运动会受到与速度成正比的黏性阻力，在两光电门之间的平均阻力为

$$F_{阻} = b\bar{v} = b \cdot \frac{v_A + v_B}{2} \qquad (3-8-2)$$

式中，b 为黏性阻尼常量。在调平的导轨上，滑块运动过程中所受合力即为阻力，由动能原理得

$$F_{阻}s = \frac{1}{2}m(v_A^2 - v_B^2) \tag{3-8-3}$$

式中，s 为两光电门之间的距离，则

$$b = \frac{m(v_A - v_B)}{s} = \frac{m}{s} \cdot \frac{\Delta v_{AB} + \Delta v_{BA}}{2} \tag{3-8-4}$$

式中，Δv_{AB} 和 Δv_{BA} 分别是两个方向上的速度损失。

在实验中，设滑块和其上面的砝码质量之和为 m，下面砝码桶和砝码质量的和为 m_0，忽略滑轮的摩擦阻力，由隔离体法得

$$a = \frac{m_0 g - b\bar{v}}{m + m_0} \tag{3-8-5}$$

即系统所受合外力为

$$F = m_0 g - b\bar{v} \tag{3-8-6}$$

保持系统质量一定，即$(m+m_0)$不变，改变外力就是改变 m_0 的质量，即可测出不同外力下的加速度 a。

【实验仪器】

本实验所用仪器有导轨、滑块、光电门、挡光片、数字毫秒计、砝码桶及砝码、细线、气源、游标卡尺、电子天平(仪器简介参考实验 3.6)。

【实验内容与步骤】

(1) 用天平称出滑块的质量 m_1，记录总质量 M。

(2) 安装好仪器，并使光电计时系统处于正常工作状态。

(3) 调平导轨(参考实验 3.6)。

(4) 测量黏性阻尼常量 b。调平导轨后，测量两个方向的速度损失 Δv_{AB} 和 Δv_{BA}(二者要很接近)。测量速度损失时，滑块速度要小些，且要平稳，则

$$b = \frac{m}{s} \cdot \frac{\Delta v_{AB} + \Delta v_{BA}}{2}$$

(5) 保持系统质量不变，测量不同外力作用下的加速度 a。将细线一端系在滑块上，绕过定滑轮，另一端挂上砝码桶上。把两光电门固定在适当位置，在滑块上加 25 g 砝码，从远离定滑轮的一端开始运动，记下运动的加速度和速度。然后依次将滑块上的砝码移到砝码桶内，分别记录每次的速度和加速度，计算对应的外力 $F = m_0 g - b\bar{v}$。

(6) 列表记录以上数据和计算结果，注意对应值。

(7) 作出当质量一定时，F-a 图线。

(8) 由图线求出斜率和截距，与质量和零比较得出结论。

【注意事项】

(1) 导轨与滑块的内表面要求有较高的光洁度，配合严密，因此在导轨未通气时严禁滑块在导轨上滑动，以免将装置表面划伤和碰坏，使摩擦阻力增大。滑块与导轨是成套设备，不得彼此换用。

(2) 保持导轨表面清洁，防止气孔堵塞。实验前要用棉纱沾少许酒精将导轨表面和滑

块内表面擦洗干净。实验后取下滑块，轻轻平放在水平面上，以免导轨变形；然后盖上布罩，防止灰尘落入气孔，如发现有堵塞，可用细钢丝通孔。

（3）实验过程中，细线要水平，且必须绕过滑轮。

（4）细线长度和光电门位置要适当，滑块必须经过第 2 个光电门后，砝码才能落地。

（5）滑块经过第 2 个光电门后应用手扶住滑块，以免砝码滚丢。

（6）实验完毕，先将滑块从导轨上取下，再关闭气源。

【分析思考】

（1）是否可以只取滑块和其上的砝码为运动系统来进行研究？

（2）实验中每次移动砝码的质量过大或过小有何影响？

（3）在倾斜导轨上是否也可以验证牛顿第二定律？

【数据记录】

实验数据记录表格可参考表 3−8−1 和表 3−8−2。

表 3−8−1 测量黏性阻尼常量

滑块质量 $m_1 =$

次数	1	2	3	4	5
Δv_{AB} /cm·s^{-1}					
Δv_{BA} /cm·s^{-1}					
b/ g·s^{-1}					

表 3−8−2 保持质量不变改变力时测量对应的加速度

次数	1	2	3	4	5	6
m_0 /g						
v_A/ cm·s^{-1}						
v_B/ cm·s^{-1}						
a/ cm·s^{-2}						
$F_阻$ / N						

实验 3.9 弦上的驻波实验

当两列振幅、振动方向和振动频率都相同,且具有恒定的相位差的相干波,在同一直线上沿相反的方向传播时,将产生一种称为驻波的特殊干涉现象。在驻波中,没有振动状态或相位的传播,驻波没有能量的传播,驻波是一种分段的振动现象。驻波作为显示波的干涉特性的重要现象之一,在声学、光学、无线电学等方面都有着广泛的应用。

【实验目的】

(1) 观察在弦线上形成的驻波。

(2) 验证在波的频率一定时,驻波的波长与弦线张力的关系。

(3) 验证在弦线张力不变时,驻波的波长与频率的关系。

(4) 进一步练习用作图法验证物理规律的方法。

【实验原理】

横波沿均匀弦线传播时,横波的传播速度 v 与弦线张力 F_T 和弦线的线密度(单位长度弦线的质量)ρ 之间的关系为

$$v = \sqrt{\frac{F_T}{\rho}} \tag{3-9-1}$$

设弦振动频率为 γ,弦上传播的横波波长为 λ,又因为弦上的波速为

$$v = \gamma\lambda \tag{3-9-2}$$

所以

$$\lambda = \frac{1}{\gamma}\sqrt{\frac{F_T}{\rho}} \tag{3-9-3}$$

两边平方得

$$\lambda^2 = \frac{1}{\gamma^2\rho}F_T \tag{3-9-4}$$

由式(3-9-4)可看出,在弦线振动频率和线密度一定时,波长的平方与弦线所受张力成正比。

弦线上的波长可利用在弦线形成驻波的方法来测量。当两个振幅和频率相同的相干波在同一直线上相向传播时,其所叠加而成的波称为驻波。此时弦上有些点的振幅最大,称为波腹;有些点的振幅为零,称为波节;相邻波节(或波腹)间的距离等于波长的一半。当长度为 l 的弦上有 n 个半波区时,波长 $\lambda = \dfrac{2l}{n}$,其中 n 为任意正整数。一维驻波是波干涉中的一种特殊情况。

本实验在弦线振动频率和线密度一定的条件下,改变弦线上的张力,测出对应的波长,作 λ^2-F_T 图,验证公式(3-9-1),并由斜率求出频率 γ。也可以在弦线上张力和线密度一定

的条件下，改变振动频率，测出对应的波长，作 $\lambda - \dfrac{1}{\gamma}$ 图，求直线斜率，验证波传播的规律。

【实验仪器】

本实验所用仪器有弦线上驻波实验仪、砝码托和砝码(每个 25 g)、铜线、米尺、电子天平。

弦线上驻波实验仪如图 3-9-1 所示，金属弦线的一端系在振片上。数显机械振动源如图 3-9-2 所示，频率变化范围为 0~200 Hz 连续可调，频率最小变化量为 0.01 Hz，弦线一端通过定滑轮悬挂一个砝码盘。实验平台上有固定的标尺，带有两个可移动的刀口(其中有一个带有竖直方向的小缝隙)。若弦线下端所悬挂的砝码(包含砝码盘)的质量为 m，张力 $T = mg$。当波源振动时，即在弦线上形成向右传播的横波；当波传播到有竖缝的刀口时，由于弦线上横波的振动方向在水平面内，弦线在该点受到刀口两壁阻挡而不能振动，波在该点被反射形成了向左传播的反射波。这种传播方向相反的两列波叠加即形成驻波。当两刀口之间距离 l 等于半波长的整数倍时(可动刀口放置在距簧片最近的波节处)，即可得到振幅较大而稳定的驻波，用标尺测出 l 的长度，同时记录 l 长度上半波长的数目 n。

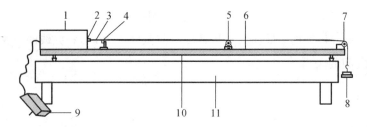

1—可调频率数显机械振动源；2—振动簧片；3—弦线；4—可动刀口支架；5—有竖缝的刀口支架；6—标尺；7—固定滑轮；8—砝码与砝码盘；9—变压器；10—实验平台；11—实验桌

图 3-9-1　弦线上驻波实验仪

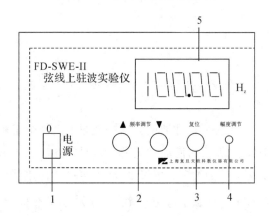

1—电源开关；2—频率调节旋钮；3—复位键；4—幅度调节旋钮；5—频率指示屏

图 3-9-2　数显机械振动源

【实验内容与步骤】

(1) 测弦线的线密度：取约 1.2 m 长的均匀铜线，测其长度 L 和质量 m_0，求出线密度 ρ。

(2) 打开电源开关，根据需要按频率调节键，固定一个波源振动的频率（一般取为 100 Hz，若振动振幅太小，则可将频率取小些，比如 90 Hz），调节幅度调节旋钮，使振动源有振动输出。

(3) 改变砝码盘上砝码的质量，以改变弦上的张力（至少 6 次），左右移动可动刀口位置，使弦线出现振幅较大而稳定的驻波。用标尺测量 l，记录振动频率、砝码质量、产生整数倍半波长的弦线长度及半波波数。

(4) 作 $\lambda^2 - F_T$ 图，并由图线求出频率和波源频率进行比较，验证波传播的规律。

(5) 在某一张力下，用 $v = \sqrt{\dfrac{F_T}{\rho}}$ 和 $v = \gamma\lambda$ 计算波速，比较结果进行分析。

*(6) 验证横波的波长与波源振动频率的关系。

① 固定弦线上的张力为某一值，并记录。

② 改变波源振动频率，测量各相应的波长。

③ 作 $\lambda - \dfrac{1}{\gamma}$ 图。

④ 求直线斜率和截距，验证波传播的规律。

【注意事项】

(1) 要准确求得驻波的波长，必须在弦线上调出振幅较大且稳定的驻波。在固定频率和张力的条件下，可沿弦线方向左、右移动可动刀口的位置。

(2) 当振簧片达到某一频率（或其整数倍频率）时，会引起整个振动源（包括弦线）的机械共振，从而引起振动不稳定。此时，可逆时针旋转面板上的输出信号幅度旋钮，减小振幅，或避开共振频率进行实验。

(3) 张力包括砝码与砝码盘的质量。

(4) 测波长时，在弦线中尽量取较多数目的半波区。

【分析思考】

(1) 判断最佳驻波时，观察波节与波腹，哪种更为便利？

(2) 测 λ 时为何要测多个半波长的总长？

(3) 弦线的粗细和弹性对实验各有什么影响？

【数据记录】

实验数据记录表格可参考表 3-9-1 和表 3-9-2。

表 3-9-1　频率一定时($\gamma =$　　　)，弦线上的张力与其对应的波长

弦线的总长度 $L =$　　　　，弦线的总质量 $m_0 =$　　　　，砝码托质量 $m' =$

m/g					
F_T/N					
l/m					
n					
λ/m					
λ^2/m^2					

表 3-9-2　张力一定时($F_T =$　　　)，波的频率与其对应的波长

γ/Hz					
$\dfrac{1}{\gamma}$/Hz^{-1}					
l/m					
n					
λ/m					

实验 3.10　扭　摆

材料在弹性限度内应力同应变的比值是度量物体受力时变形大小的重要参量。正应力同线应变的比值,称为杨氏模量;剪应力同剪应变的比值,称为剪切弹性模量,简称切变模量。材料的切变模量与杨氏模量相似,与材料的成分、热处理工艺等均有关,由材料本身的性质决定;杨氏模量和切变模量在机械、建筑、交通、医疗、通讯等工业领域的工程设计及机械材料的选用中有着广泛的应用。

【实验目的】

(1) 了解测量材料切变模量的基本方法。

(2) 掌握基本长度和时间测量仪器的使用方法。

【实验原理】

1. 切变模量

设有某一长方体弹性固体,其底面固定,在其顶面上作用一个与平面平行的切向力,在这个力作用下,物体将发生形变成为斜的平行六面体,这种形变称为切变。如图 3-10-1 所示,图中 φ 称为切变角,发生切变后,物体距底面不同距离处的绝对形变不同($AA' > BB'$),而相对形变则相等,即 $\dfrac{AA'}{OA} = \dfrac{BB'}{OB} = \tan\varphi$,称 $\tan\varphi$ 为切

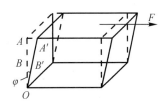

图 3-10-1　剪切形变

应变,当 φ 值较小时,$\tan\varphi \approx \varphi$。实验表明,在弹性限度内(切变角 φ 较小时),切应力 $\dfrac{F}{S}$(S 为长方体平行于底面的截面积)与切应变 φ 成正比,则

$$\frac{F}{S} = G\varphi \qquad (3-10-1)$$

比例系数 G 称为固体材料的切变模量,由材料性质决定,单位为 $N \cdot m^{-2}$。

2. 扭摆

将金属丝的上端固定,下端联结一个转动惯量为 J_0 的物体,以金属丝为轴将物体扭转一个小角度后放开,物体将扭动,这就是扭摆,其运动方程为

$$J_0 \frac{d^2\theta}{dt^2} = -c\theta \qquad (3-10-2)$$

式中,c 为金属丝的扭转系数,方程符合简谐振动规律,它的振动周期为

$$T_0 = 2\pi \sqrt{\frac{J_0}{c}} \qquad (3-10-3)$$

理论可推得

$$c = \frac{\pi \cdot Gr^4}{2l}$$

式中,l 和 r 分别为金属丝的长度和半径;G 为金属材料的切变模量,则

$$G = \frac{8\pi \cdot lJ_0}{r^4 T_0^2} \qquad (3-10-4)$$

一般金属丝下端连的物体不很规则，J_0 不易较准测得，实验时在其上叠加一个转动惯量为 J_1 的规则圆环，测得此时的振动周期为 T，因为

$$T^2 = \frac{8\pi \cdot l(J_0 + J_1)}{r^4 G} = T_0^2 + \frac{8\pi \cdot lJ_1}{r^4 G} \qquad (3-10-5)$$

所以

$$G = \frac{8\pi \cdot lJ_1}{(T^2 - T_0^2)r^4} \qquad (3-10-6)$$

设圆环的内外直径为 D_1、D_2，质量为 m_1，金属丝的直径为 $d\left(r = \dfrac{d}{2}\right)$，$J_1 = \dfrac{1}{8}m_1(D_1^2 + D_2^2)$，则

$$G = \frac{16\pi \cdot lm_1(D_1^2 + D_2^2)}{(T^2 - T_0^2)d^4} \qquad (3-10-7)$$

【实验仪器】

本实验所用仪器有扭摆实验装置、圆环、计时计数毫秒仪、集成霍尔开关、米尺、游标卡尺、螺旋测微计、电子天平、秒表。

扭摆实验装置如图 3-10-2 所示，金属丝的下端固定在爪手的夹头上，小磁钢贴在爪手的侧边。爪手有多种功能，圆环可以水平放在爪手上面做振动，也可以垂直装在爪手下面做振动，爪手还可以安置方柱形棒或圆柱形棒做振动。霍尔开关安装在立柱上，并能上下、左右调整。利用扭动旋钮使金属丝下端物体开始周期性振动，能减小物体前后、左右晃动。（计时计数毫秒仪简介参考实验 3.2。）

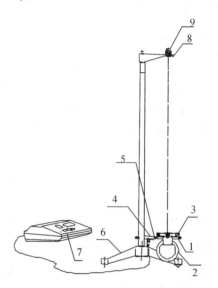

1—爪手；2—环状刚体；3—待测材料；4—霍尔开关；5—钕铁硼小磁钢；6—底座；7—计时计数毫秒仪；8—标志旋钮；9—扭动旋钮

图 3-10-2　扭摆实验装置

【实验内容与步骤】

（1）用天平称圆环的质量 m_1；用米尺测金属丝长度 l；用游标卡尺测圆环内径 D_1、外径 D_2；用千分尺测金属丝直径 d（各测 5 次，列表记录）。

（2）转动上端的"扭动旋钮"，使爪手一端的小磁钢对准固定在立柱上的霍尔开关，同时调整霍尔开关的位置，使其高度与小磁钢一致。

（3）开启电源开关，调节立柱的两个底脚螺丝，使小磁钢靠近霍尔开关，并使它们之间相距为 8 mm 左右，磁钢产生的磁场能被传感器接收到，此时低电平指示灯变暗。

（4）按住上升键，使预置计数值为 10 次（即 5 个周期），转动横梁上的"标志旋钮"，使它的刻线与"扭动旋钮"上的刻线一致。当旋转"扭动旋钮"一个角度后，即刻又恢复到起

始位置,此时爪手将绕钢丝做扭动。

(5)计时器自动计时,测出振动 5 个周期的时间 $5T_0$(测 5 次)。用霍尔开关计数计时仪和秒表两种方法测量振动周期,这样既可加强手按秒表计时训练,又可掌握先进的计数计时技术,也可比较计时结果,有利于误差分析。

(6)将环状刚体水平放置在爪手上,同上步骤,测出振动 5 个周期的时间 $5T$(测 5 次),列表记录数据。

(7)计算金属丝的切变模量和不确定度。

【注意事项】

(1)用秒表计时应测量 10 次振动时间,这样可以减少手控秒表引入的随机误差。

(2)金属丝尽量不要有弯折。注意扭摆只做扭转振动,不可做左右或前后晃动。

(3)计时仪可查阅每次振动半个周期的数值,用于了解振动受空气阻力而衰减的情况,以确定最佳计时振动次数。

(4)切勿用手将爪手托起又突然放下,金属爪手自由下落的冲力易将金属丝拉断。

(5)实验结束后应将环放在桌上,以减轻金属丝的负重。

(6)如果当磁钢靠近霍尔开关,触发指示灯无反应,则有可能是磁钢的磁极放反了,取下换个方向即可。

【分析思考】

(1)利用扭摆能否测物体的转动惯量?

(2)转动惯量的垂直轴定理是什么?扭摆实验装置能否验证垂直轴定理?

(3)用扭摆测量材料的切变模量的主要误差是由哪些量的测量引起的?

【数据记录】

实验数据记录表格可参考表 3-10-1。

表 3-10-1　长度和时间周期的测量

圆环质量 $m_1 =$ 　　　　,圆环内直径 $D_1 =$ 　　　　,圆环外直径 $D_2 =$

次数	l/ cm	d/mm	$5T_0$/ s 毫秒计	$10T_0$/ s *秒表	$5T$/ s 毫秒计	$10T$/ s *秒表
1						
2						
3						
4						
5						
平均值						

注:计算时注意单位统一。

第 4 章 热学实验

实验 4.1 液体表面张力系数的测定

一种物质与另一种物质的交界处是物质结构的过渡层，其物理性质显然不同于物质内部，具有很大的特殊性。液体表面层内存在表面张力，表面张力系数就是反映液体这一性质的重要物理量，它能说明液体所特有的许多现象，例如弯曲液面内外有附加压强、润湿与不润湿现象、毛细现象等。表面张力在动植物体液的输运和保持过程中起着很重要的作用，在船舶制造、水力学、化学化工、凝聚态物理等多个领域都有广泛的应用。液体表面张力系数的测量方法有拉脱法、毛细管法、液滴测重法等。

【实验目的】

(1) 学习传感器的定标方法，用砝码对力敏传感器进行定标，计算该传感器的灵敏度。

(2) 了解液体表面的性质，加深对其物理规律的认识。

(3) 观察拉膜过程，并用物理学知识进行分析。

(4) 用拉脱法测定室温下水的表面张力系数。

【实验原理】

当液体与另一种介质(如气体、固体或另一种液体)接触时，在液体表面会产生与其内部不同的现象。表面张力是作用于液体表面使液面具有收缩倾向的一种力，从微观上看，液体表面层内的分子由于受到不对称的分子力的作用，使液体自由表面(液体与气体接触的表面)具有收缩的趋势，表现为液面类似绷紧的弹性膜，因此液体表面存在张力，位于极薄的表面层内(数量级约为10^{-9} m)，该力沿液体表面的切线方向。

设想在液面上作一条长为 l 的线段，则张力的作用表现为线段两侧液面以一定的力 F 相互作用，而且力的方向恒与线段垂直，其大小与线段长 l 成正比，即

$$F = \sigma l \tag{4-1-1}$$

式中，比例系数 σ 为液体的表面张力系数，表示单位长线段两侧液面的相互作用力的大小，单位为 N·m^{-1}。表面张力系数与液体的性质、液体温度及液面上接触的物质有关，还与液体内含有的物质相关，例如在水中加入少量的洗洁精，表面张力系数就会减小很多。

一个金属圆环的外径和内径分别为 D_1、D_2，把环固定在力敏传感器上，将该环浸没于液体中，并逐渐拉起圆环将其拉出液面，在环下面将带起一圈液膜，当液膜拉脱，前、后环对传感器的拉力差值为(忽略膜本身的重力)

$$f = \pi(D_1 + D_2)\sigma \tag{4-1-2}$$

即膜对环的拉力为 f，f 可由力敏传感器测得：

$$f = \frac{(U_1 - U_2)}{B} \qquad (4-1-3)$$

式中，B 为力敏传感器的灵敏度，单位为 $mV \cdot N^{-1}$，即单位力使电压改变的量；U_1、U_2 分别为环下液膜破裂前、后数字电压表的读数，单位为 mV。

由上述公式推导液体表面张力系数为

$$\sigma = \frac{U_1 - U_2}{\pi(D_1 + D_2)B} \qquad (4-1-4)$$

【实验仪器】

本实验所用仪器有液体表面张力系数测定仪及附件、数字电压表、力敏传感器、温度计、游标卡尺、纯水。

1. 液体表面张力系数测定仪

液体表面张力系数测定仪实验装置如图 4-1-1 所示。

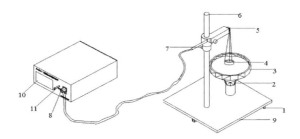

1—调节螺丝；2—升降螺帽；3—玻璃器皿；4—吊环；5—力敏传感器；6—支架；
7—固定螺丝；8—航空插头；9—底座；10—数字电压表；11—调零旋钮

图 4-1-1　液体表面张力系数测定仪实验装置

2. 力敏传感器

力敏传感器受力量程为 0 N～0.098 N，把受拉力的大小转换为电压来表示，电压 U 与力 F 呈线性关系，设

$$U = BF + A \qquad (4-1-5)$$

式中，系数 B 为力敏传感器的灵敏度，单位为 $mV \cdot N^{-1}$，即单位力使电压的改变量。如果环下有液膜时，环对传感器的拉力为 F_1，对应的电压为 U_1；当液膜破裂后，环对传感器的拉力为 F_2，对应的电压为 U_2，则

$$\begin{cases} U_1 = BF_1 + A \\ U_2 = BF_2 + A \end{cases} \qquad (4-1-6)$$

因为需要测量力的差值 $F_1 - F_2 = f = \dfrac{U_1 - U_2}{B}$，所以定标时就不需要求出系数 A。因此可以利用电压表上的调零旋钮，在定标和测量电压 U_1、U_2 时，起始电压的大小不会影响电压差值。但起始电压不能太大，因为电压表显示的最大值为 200 mV。

【实验内容与步骤】

(1) 安装好实验装置，接通电源进行预热。

(2) 用游标卡尺测量吊环的内、外直径 D_1 和 D_2，利用水准仪调平底座。

*(3) 清洗玻璃器皿和吊环，应用 NaOH 溶液洗净油污或杂质后，再用清洁水冲洗干净。

(4) 将砝码盘挂在力敏传感器的挂钩上。

(5) 若整机已预热 15 分钟以上，则可对力敏传感器进行定标。

① 用调零旋钮使电压表为零。

② 依次加 0.5 g 砝码(直到 3.5 g)，分别记录对应的电压，用表格记录数据。

③ 用图解法(或逐差法)求出力敏传感器的灵敏度 B(注意最后质量要换为重力，单位要用牛顿)。

(6) 将砝码盘换为吊环，在玻璃器皿内放入适量的被测液体(纯水)，并安放在升降台上。

(7) 在测定液体表面张力系数过程中，可观察到液体产生的浮力与张力的情况。以顺时针方向转动升降台大螺帽时，液体液面上升，当环下沿部分均浸入液体中时，改为逆时针方向转动该螺帽，这时液面往下降，观察环浸入液体中及从液体中拉起时的物理过程和现象。特别应注意吊环即将拉断液膜前数字电压表读数值为 U_1(应是电压的最大值)，拉断后数字电压表读数为 U_2，记下这两个数值。

(8) 计算水的表面张力系数。

(9) 测出水的温度，查找出表面张力系数，与计算值进行比较。

【注意事项】

(1) 开机需预热几分钟。

(2) 水的表面若有少许污染，其表面张力系数将有明显的变化，必须保持水和吊环的洁净。

(3) 吊环必须调节水平。

(4) 在旋转升降台时，尽量使液体的波动要小些。

(5) 测量过程的动作要缓慢，特别是当水膜要破裂时。

(6) 力敏传感器使用时用力不宜大于 0.098 N，过大的拉力易使传感器损坏。

(7) 实验结束需将吊环用清洁纸擦干，并用清洁纸包好，放入干燥缸内。

【分析思考】

(1) 液体表面张力系数与哪些因素有关？

(2) 测量液体表面张力系数还有什么方法？

(3) 测量微小力还可以用什么方法？

(4) 观察慢慢拉膜的过程中电压的变化(即拉力的变化)，分析其原因。

【数据记录】

实验数据记录表格可参考表 4-1-1～表 4-1-3。

表 4-1-1 吊环的内外直径

次数	1	2	3	4	5	平均值
D_1/cm						
D_2/cm						

表 4-1-2 力敏传感器定标(即确定 B,单位为 mV·N^{-1})

砝码质量 m/g	0.0	0.5	1.0	1.5	2.0	2.5	3.0	3.5
电压 U/mV								

(参考值约为 $B \approx 3 \times 10^3$ mV·N^{-1})

表 4-1-3 纯水的表面张力系数

次数	1	2	3	4	5	6	平均值
U_1/mV							/
U_2/mV							/
ΔU/mV							

实验 4.2　金属线膨胀系数的测定

绝大多数物质都具有"热胀冷缩"的特性，这是由于物体内部分子热运动加剧或减弱造成的，可用膨胀系数来描述这一特性，液体、气体常用体膨胀系数，固体常用线膨胀系数。这个性质在工程结构的设计、机械和仪器的制造及材料的加工（如焊接）中，都应有所考虑，否则，将影响结构的稳定性和仪表的精度。考虑失当，甚至会造成工程损毁、仪器失灵以及加工焊接件的缺陷和失败等，线膨胀系数是选用材料的一项重要指标。

【实验目的】

(1) 掌握线膨胀系数的定义和意义，理解热胀冷缩现象。
(2) 掌握千分表和温度控制仪的操作方法。
(3) 学会测量长度微小变化的方法。
(4) 测量金属在某一温度区域内的平均线膨胀系数。

【实验原理】

固体受热后，在一维方向上的膨胀称为线膨胀，在相同条件下，不同固体材料的线膨胀长度不同，线膨胀系数反映了不同材料的这种差异。线膨胀系数 α 的物理定义是，在压强保持不变的条件下，温度改变 1 ℃（或 1 K）所引起的物体某一条边的长度的相对变化量，即

$$\alpha = \frac{1}{l}\left(\frac{\partial l}{\partial T}\right)_P \tag{4-2-1}$$

式中，α 的单位是 ℃$^{-1}$或 K^{-1}，实际上固体的线膨胀系数不是一个常量，它不但与物质的性质有关，一般也与温度有关。在温度变化范围不大时，可把线膨胀系数视为常量，利用定义式(4-2-1)可推导出长度 l 和温度 t 之间的关系为

$$l = l_0(1 + \alpha \cdot t) \tag{4-2-2}$$

式中，l_0 为温度 $t = 0$ ℃时的长度，t 其实是温度 t 与 0 ℃之间的温度差（虽然热力学温度与摄氏温度的值相差较大，但相同间隔的温度差相等，因此，常用摄氏温度表示）。

设物体在温度 t_1（单位为℃）时的长度为 l，温度升到 t_2（单位为℃）时，其长度增加 Δl，可得

$$l = l_0(1 + \alpha \cdot t_1) \tag{4-2-3}$$

$$l + \Delta l = l_0(1 + \alpha \cdot t_2) \tag{4-2-4}$$

式(4-2-3)、式(4-2-4)相比消去 l_0，整理后得出

$$\alpha = \frac{\Delta l}{l(t_2 - t_1) - \Delta l \cdot t_1}$$

由于 Δl 和 l 相比甚小，$l(t_2 - t_1) \gg \Delta l \cdot t_1$，所以

$$\alpha \approx \frac{\Delta l}{l(t_2 - t_1)} \tag{4-2-5}$$

测量线膨胀系数的主要问题是怎样测准温度变化引起长度的微小变化 Δl，本实验是利用千分表（分度值为 0.001 mm）来测量长度的微小变化量的。

【实验仪器】

本实验所用仪器有线膨胀系数测定仪（YJ-RZ-4A 数字智能化热学综合实验仪）、游标卡尺（或米尺）、千分表、待测金属棒。

1. 电加热盘

电加热盘如图 4-2-1 所示，由金属材料制成的加热盘放置于固定的平台上，通过电进行加热，在中心处开有一个放置待测金属棒的小孔，棒的一端与固定的螺钉紧密接触，另一端安装千分表。

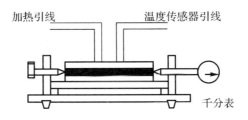

图 4-2-1 电加热盘

2. 恒温控制器

恒温控制器面板如图 4-2-2 所示，恒温控制器由高精度数字温度传感器与单片机组成，读数分辨率为 0.1 ℃，加热温度控制范围为室温至 100 ℃，加热盘为上盘（此仪器在进行其他实验时会用到下盘和测量时间）。

连接好电缆线，接通电源，当温度有显示时即为当时传感器温度，调节温度粗选和细选，设定所需温度，按下加热开关，开始对上盘加热。

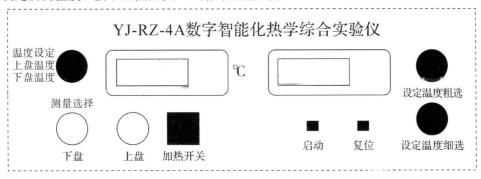

图 4-2-2 恒温控制器面板

3. 千分表

千分表如图 4-2-3 所示，是一种将测量杆的直线位移通过机械系统传动转变为指针的角位移的高精度的长度测量仪，分度值为 0.001 mm，即测量杆直线位移改变 0.001 mm 时，长指针在刻度盘上转过一小格。测量过程中，大小指针都在转动，大指针转一圈，小指针转一格，测量时应记住大小指针的起始值。千分表可用于绝对测量、相对测量、检测等。

图 4-2-3 千分表

测量前先要把千分表固定在表架或专用支架上，使测量头与待测物体紧密接触（使指针转动一定角度）。因为测量结果只与读数差有关，起始读数大小不会影响结果，因此旋转表的外圈可以选择和调整起始读数。

【实验内容与步骤】

（1）用游标卡尺（或米尺）测量金属棒的长度。

（2）安装好实验装置，连接好电缆线，把待测金属棒插入加热盘的小孔里。

（3）在固定架上安装千分表，使金属棒的一端与固定的螺钉紧密接触，另一端与千分表紧密接触，旋紧螺栓，再向前移动固定架，使千分表指针转动一定角度，固定好千分表和固定架。然后稍用力压一下千分表的滑络端，使它能与金属棒有良好的接触，并使测量杆与金属棒在一条直线上，再转动表盘使读数为零（或某一值）。

（4）打开电源开关，将"测量选择"开关旋至"设定温度"挡，调节"设定温度粗选"和"设定温度细选"旋钮，设定加热盘为所需的温度值（或最高温度）。

（5）将"测量选择"开关拨向"上盘温度"挡，打开加热开关，观察加热盘温度的变化。

（6）当加热盘温度分别为 35.0 ℃、40.0 ℃、45.0 ℃、50.0 ℃、55.0 ℃、60.0 ℃、65.0 ℃、70.0 ℃、75.0 ℃、80.0 ℃时，记下千分表读数 A_1，…，A_i，…，A_{10}。

（7）用逐差法处理数据（注意伸长量与温差对应），求出温差为 25.0℃时金属棒的平均伸长量。

（8）求出金属棒在 35.0 ℃～80.0 ℃温度范围内的平均线膨胀系数。

【注意事项】

（1）测量杆的移动位移不宜过大，不可超过它的量程，也不可用手拉动测量杆，严禁敲打表的任何部位，以防损坏表的零件。

（2）整个电路连接好之后才能打开电源开关和加热开关。

（3）千分表安装需适当固定（以表头无转动为准）且与被测物体有良好的接触。

（4）被测金属棒与千分表测量杆必须保持在同一直线上。

（5）在测量过程中不要碰桌面，以保持读数的稳定。

（6）读数差与温度差必须对应。

【分析思考】

（1）由于热胀冷缩现象，实验过程会有一定的弛豫时间。当温度达到某一值时，膨胀过程不能立刻停止，因此，千分表的指针在加热过程中一直在转动，很难稳定下来，如何才能较准确地测出温度差对应的长度改变量？

（提示：尽量在相同条件下，读出温度对应的千分表读数。例如当温度显示为 50 ℃时，立刻用手机拍下千分表的读数；当温度显示为 75 ℃时，也立刻用手机拍下千分表的读数。两读数的差就为温度改变 25 ℃时，金属棒的长度增加量。）

（2）温度升高快慢对测量结果有无影响？

（3）各向同性固体的体膨胀系数是其线膨胀系数的 3 倍，如何得出此结论？

（4）测量微小长度变化的方法有哪些？

（提示：读数显微镜、千分表、测微目镜、光杠杆法、光的干涉法。）

【数据记录】

实验数据记录表格可参考表4-2-1和表4-2-2。

表4-2-1 金属棒长度

（说明金属材料）

次数	1	2	3	平均值
l /mm				

表4-2-2 温度和读数的对应关系

t_1 /℃	35 ℃	40 ℃	45 ℃	50 ℃	55 ℃
A /mm					
t_2 /℃	60 ℃	65 ℃	70 ℃	75 ℃	80 ℃
A /mm					
$\Delta l = (A_{k+m} - A_k)$ /mm $(k=1, 2, \cdots, 5; m=5)$					

实验 4.3 冷却法测量金属比热容

比热容是单位质量的物质温度升高或降低 1 ℃（1 K）所吸收或放出的热量，是物体热学性质的一个特征量，国际单位是 $J \cdot kg^{-1} \cdot K^{-1}$。比热容与物质性质、过程有关，还与温度有关。物质的比热容只在较小的温度范围内可视为常量，对于固体和液体，比热容随过程不同变化很小（一般不加区分）。测量比热容的方法有混合法、冷却法、电流量热器法等。

【实验目的】

(1) 学会用铜-康铜热电偶测量物体的温度。
(2) 掌握用冷却法测量金属比热容的方法。
(3) 通过实验了解物体的冷却速率以及其与环境之间的温差关系。
(4) 明确用比较法进行测量必须满足的实验条件。

【实验原理】

将单位质量的物质温度升高或降低 1 ℃（1 K）所吸收或放出的热量定义为该物质的比热容。根据牛顿冷却定律，用冷却法测定金属的比热容是热学中常用的方法之一。若已知标准样品在某温度的比热容，通过作冷却曲线可测量各种金属在不同温度时的比热容。本实验以铜为标准样品，测定铁、铝样品在 100 ℃ 时的比热容。将质量为 m_1 的金属样品加热后，放到较低温度的介质（例如：室温的空气）中，样品将会逐渐冷却。其单位时间的热量损失（$\Delta Q/\Delta t$）与温度下降的速率成正比，于是得到

$$\frac{\Delta Q}{\Delta t} = c_1 m_1 \left(\frac{\Delta \theta}{\Delta t}\right)_{\theta_1} \tag{4-3-1}$$

式中，c_1 为该金属样品在温度 θ_1 时的比热容；$\left(\frac{\Delta \theta}{\Delta t}\right)_{\theta_1}$ 为金属样品在 θ_1 时的温度下降速率。

根据冷却定律可知，单位时间内散失的热量为

$$\frac{\Delta Q}{\Delta t} = \alpha_1 s_1 (\theta_1 - \theta_0)^n \tag{4-3-2}$$

式中，α_1 为热交换系数，与周围环境有关；s_1 为该样品外表面的面积；n 为常数，与物体和周围温度差有关；θ_1 为金属样品的温度；θ_0 为周围介质的温度。则有

$$c_1 m_1 \left(\frac{\Delta \theta}{\Delta t}\right)_{\theta_1} = \alpha_1 s_1 (\theta_1 - \theta_0)^n \tag{4-3-3}$$

同理，对质量为 m_2、比热容为 c_2 的另一种金属样品，有同样的表达式：

$$c_2 m_2 \left(\frac{\Delta \theta}{\Delta t}\right)_{\theta_2} = a_2 s_2 (\theta_2 - \theta_0)^n \tag{4-3-4}$$

式(4-3-3)与式(4-3-4)两边分别相比，可得

$$\frac{c_2 m_2 \left(\frac{\Delta \theta}{\Delta t}\right)_{\theta_2}}{c_1 m_1 \left(\frac{\Delta \theta}{\Delta t}\right)_{\theta_1}} = \frac{a_2 s_2 (\theta_2 - \theta_0)^n}{a_1 s_1 (\theta_1 - \theta_0)^n} \tag{4-3-5}$$

如果两样品的形状尺寸相同，即 $s_1 = s_2$，两样品的表面状况也相同（如涂层、色泽等），

而周围介质(空气)的性质不变,则有 $\alpha_1 = \alpha_2$。于是当周围介质温度不变(即室温 θ_0 恒定),使两个样品处于相同温度 $\theta_1 = \theta_2 = \theta$ 时,式(4-3-5)可以简化为

$$c_2 = c_1 \frac{m_1 \left(\frac{\Delta\theta}{\Delta t}\right)_{\theta_1}}{m_2 \left(\frac{\Delta\theta}{\Delta t}\right)_{\theta_2}} \qquad (4-3-6)$$

式中,$\left(\dfrac{\Delta\theta}{\Delta t}\right)_{\theta_1}$ 和 $\left(\dfrac{\Delta\theta}{\Delta t}\right)_{\theta_2}$ 分别是第一个物体和第二个物体在温度 θ 时的温度下降速率(温度下降速率在物体冷却曲线上能较精确地测得)。实验中要测量物质在 100 ℃时的比热容,取 θ =100 ℃,$\Delta\theta$=102 ℃-98 ℃=4 ℃,测出两个物体下降相同温度差时所需要的时间 $(\Delta t)_1$ 和 $(\Delta t)_2$。如果物体 m_1 为标准样品,比热容 c_1 为已知,物体 m_2 为待测样品,则

$$c_2 = c_1 \frac{m_1 (\Delta t)_2}{m_2 (\Delta t)_1} \qquad (4-3-7)$$

【实验仪器】

本实验所用仪器有冷却法金属比热容测量仪、铜-康铜热电偶、数字电压表、标准样品金属铜(直径 5 mm、长 30 mm 的小圆柱)、待测金属铁和铝(直径 5 mm、长 30 mm 的小圆柱)、秒表、电子天平、烧杯、冰水混合物等。

1. 冷却法金属比热容测量仪

冷却法金属比热容测量仪装置如图 4-3-1 所示。

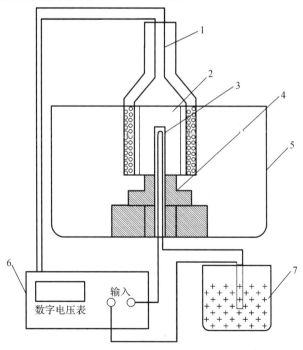

1—热源；2—实验样品；3—铜-康铜热电偶；4—热电偶支架；

5—防风容器；6—数字电压表；7—冰水混合物

图 4-3-1　冷却法金属比热容测量仪装置

2. 热源

热源由 75 W 电烙铁改制而成，利用底盘支撑固定并可上下移动。

3. 铜-康铜热电偶

热电偶温度计利用泽贝克效应测量温度。由两种金属导体组成一个回路，如果两个连接点处于不同温度，两个连接点间将存在温差电动势，温差电动势与两个连接点所在的温度范围、温度差的大小以及两种金属材料的种类有关。当两种金属材料确定后，使其中一个连接点置于冰水混合物的容器中(即温度为 0 ℃)，温差电动势就会与另一个连接点的温度一一对应，利用电压表测出电动势的值，就能确定出另一个连接点所在处的温度，热电偶温度计就是利用这种原理测量温度的。

铜-康铜热电偶温度计的热电偶的热电势采用温漂极小的放大器和三位半数字电压表，经信号放大后输入数字电压表显示，满量程为 20 mV，读出电压值后查表即可换算成温度，电压和温度的对应关系表如表 4-3-1 所示。

表 4-3-1　铜-康铜热电偶分度表（参考端温度为 0 ℃）

温度/℃	0	1	2	3	4	5	6	7	8	9	10	温度/℃
	热电动势/mV											
0	0.000	0.039	0.078	0.117	0.156	0.195	0.234	0.273	0.312	0.351	0.391	0
10	0.391	0.430	0.470	0.510	0.549	0.589	0.629	0.669	0.709	0.749	0.789	10
20	0.789	0.830	0.870	0.911	0.951	0.992	1.032	1.073	1.114	1.155	1.196	20
30	1.196	1.237	1.279	1.320	1.361	1.403	1.444	1.486	1.528	1.569	1.611	30
40	1.611	1.653	1.695	1.738	1.780	1.822	1.865	1.907	1.950	1.992	2.035	40
50	2.035	2.078	2.121	2.164	2.207	2.250	2.294	2.337	2.380	2.424	2.467	50
60	2.467	2.511	2.555	2.599	2.643	2.687	2.731	2.775	2.819	2.864	2.908	60
70	2.908	2.953	2.997	3.042	3.087	3.131	3.176	3.221	3.266	3.312	3.357	70
80	3.357	3.402	3.447	3.493	3.538	3.584	3.630	3.676	3.721	3.767	3.813	80
90	3.813	3.859	3.906	3.952	3.998	4.044	4.091	4.137	4.184	4.231	4.277	90
100	4.277	4.324	4.371	4.418	4.465	4.512	4.559	4.607	4.654	4.701	4.749	100
110	4.749	4.796	4.844	4.891	4.939	4.987	5.035	5.083	5.131	5.179	5.227	110
120	5.227	5.275	5.324	5.372	5.420	5.469	5.517	5.566	5.615	5.663	5.712	120
130	5.712	5.761	5.810	5.859	5.908	5.957	6.007	6.056	6.105	6.155	6.204	130
140	6.204	6.254	6.303	6.353	6.403	6.452	6.502	6.552	6.602	6.652	6.702	140
150	6.702	6.753	6.803	6.853	6.903	6.954	7.004	7.055	7.106	7.156	7.207	150
160	7.207	7.258	7.309	7.360	7.411	7.462	7.513	7.564	7.615	7.666	7.718	160
170	7.718	7.769	7.821	7.872	7.924	7.975	8.027	8.079	8.131	8.183	8.235	170
180	8.235	8.287	8.339	8.391	8.443	8.495	8.548	8.600	8.652	8.705	8.757	180
190	8.757	8.810	8.863	8.915	8.968	9.021	9.074	9.127	9.180	9.233	9.286	190
200	9.286	9.339	9.392	9.446	9.499	9.553	9.606	9.659	9.713	9.767	9.830	200

【实验内容与步骤】

(1) 使用铜-康铜热电偶温度计前先校准零点(即两个连接点没有温差时,电压表显示电压为零),利用导线校准零点。

(2) 用天平测出 3 种金属样品(铜、铁、铝)的质量,根据 $m_{Cu} > m_{Fe} > m_{Al}$ 这一特点,把它们区别开来。

(3) 接好实验装置,先安放金属铜样品,使热电偶热端的铜导线与数字表的正端相连,冷端铜导线与数字表的负端相连。热电偶的冷端插入有冰水混合物的保温杯中。

(4) 接通电源开始加热,当数字电压表读数为某一定值时(查表 4-3-1 可知温度),约为 130 ℃,切断电源,移去电炉,样品继续安放在与外界基本隔绝的金属圆筒内自然冷却(筒口需盖上盖子)。当温度降到接近 102 ℃ 时,开始记录测量样品由 102 ℃ 下降到 98 ℃ 所需要时间,重复测量 5 次。

(5) 分别安放铁、铝样品,按上述步骤测量温度下降($\Delta\theta = 102\ ℃ - 98\ ℃ = 4\ ℃$)所需要的时间,每一样品需重复测量 5 次。

(6) 查表记录金属铜的比热容(在 100 ℃ 时,铜的比热容为 393.3 J·kg^{-1}·k^{-1}),计算金属铁和铝的比热容,金属材料的比热容如表 4-3-2 所示。

表 4-3-2　几种金属材料的比热容

温度/℃ ＼ 比热容	$c_{Fe}/10^2$ J·kg^{-1}K^{-1}	$c_{Al}/10^2$ J·kg^{-1}K^{-1}	$c_{Cu}/10^2$ J·kg^{-1}K^{-1}
100 ℃	4.602	9.623	3.933

【注意事项】

(1) 实验过程中防止烫伤。

(2) 测量不同金属时,冷却过程必须保持实验条件相同。

(3) 实验过程中尽量避免接触加热器和加热器电源线,以免发生触电。

【分析思考】

(1) 物质的比热容还可用什么方法测量?

(2) 物质的比热容随温度升高是增加了还是减少了?

(3) 简述热电偶温度计测温原理。

【数据记录】

实验数据记录表格可参考表 4-3-3。

表 4-3-3　样品由 102 ℃ 下降到 98 ℃ 所需时间

$m_{Cu} =$ 　　, $m_{Fe} =$ 　　, $m_c =$ 　　　　　　　　　　　　　　单位: s

次数	1	2	3	4	5	平均值
Cu						
Fe						
Al						

实验 4.4　液体黏度的测量(落球法)

在医学、生产和科学研究领域中，凡是涉及流体的场合，经常要考虑黏度的问题。例如，医学研究发现许多疾病都与血液黏度的变化有关，因此，测量血液黏度的大小是判断人体健康状况的重要标志之一。生产中研究流体在管道中的输送过程时，必须考虑黏度问题。此外，在高分子研究中，聚合物熔体的黏度及其流变性能，对聚合物的注射、压膜、吹塑、冷成型以及纤维纺丝等加工过程有着重要影响。另外，在国防建设领域中，飞机、船舶、舰艇的模型设计与流体黏度都有着重要关系。

测量液体黏度的方法有毛细管法、落球法、旋转法、泄流法等。在进行室内实验时，对于黏度较小的液体，常用毛细管法；而对于黏度较大的液体，常用落球法。本实验采用落球法测量蓖麻油的黏度，利用激光光电传感器结合单片机计时，不仅提高了测量精确度，而且扩大了学生的知识面，体现了实验教学的现代化。

【实验目的】

(1) 学习用激光光电传感器测量时间和物体运动速度的实验方法。

(2) 利用斯托克斯定律，采用落球法测量油的黏性系数(黏度)。

(3) 检验落球法测量液体黏度的实验条件是否满足，必要时进行修正。

【实验原理】

各种液体具有不同程度的黏性。当液体流动时，平行于流动方向的各层流体速度都不相同，即存在着相对滑动，于是在各层之间就产生了摩擦力，这一摩擦力称为黏性力。它的方向平行于接触面，其大小与速度梯度及接触面积呈正比，黏性系数(也称为黏度)是表征液体黏性大小的重要参数。

如果一个小球在液体中铅直下落，由于附着于球面的液层与周围其他液层之间存在着相对运动，因此小球受到黏性阻力，它的大小与小球下落的速度有关。

当金属小球在液体中下落时，会受到 3 个铅直方向的力，即小球的重力 mg (m 为小球质量)、液体作用于小球的浮力 $\rho g V$ (V 是小球体积，ρ 是液体密度)和黏性阻力 F (其方向与小球运动方向相反)。重力向下，浮力和黏性阻力向上。如果液体无限深广，在小球下落速度 v 较小的情况下(v 是小球相对液体的速度)，有

$$F = 6\pi\eta rv \qquad (4-4-1)$$

式(4-4-1)为斯托克斯公式。式中，r 是小球的半径；η 称为液体的黏度，国际单位为 Pa·s。

当小球开始下落时，由于速度较小，所以阻力也较小；但随着下落速度的增大，阻力也随之增大，最后，3 个力达到平衡，即

$$mg = \rho Vg + 6\pi\eta rv \qquad (4-4-2)$$

于是小球做匀速直线运动，可得

$$\eta = \frac{(m - V\rho)g}{6\pi vr} \qquad (4-4-3)$$

待测液体必须盛于容器中，盛油圆筒如图 4 - 4 - 1 所示，故不能满足无限深广的条件，速度需修正为

$$v = v_0\left(1 + 2.4\,\frac{r}{R}\right)\left(1 + 3.3\,\frac{r}{h}\right) \quad (4-4-4)$$

式中，$v = \dfrac{l}{t}$ 为实际测得的速度（l 为小球匀速下落的距离，t 为小球下落 l 距离所用的时间）；R 为盛液体圆筒的内半径；h 为筒中液体的深度，则

$$\eta = \frac{\left(m - \frac{1}{6}\pi d^3\rho\right)gt}{3\pi dl\left(1 + 2.4\,\frac{d}{D}\right)\left(1 + 1.65\,\frac{d}{h}\right)} \quad (4-4-5)$$

式中，d 为小球的直径；D 为圆筒的内直径。

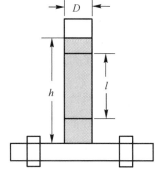

图 4 - 4 - 1　盛油圆筒

实验时小球下落速度若较大，例如气温及油温较高，钢珠从油中下落时，可能出现湍流情况，此时要做另一种修正。

【实验仪器】

本实验所用仪器有落球法黏性系数测定仪、激光光电计时仪、小钢球（两种各 20 个）、待测液体（蓖麻油）、米尺、千分尺、游标卡尺、液体密度计、电子天平、温度计等。

落球法黏性系数测定仪装置如图 4 - 4 - 2 所示。仪器采用激光光电传感器结合单片机计时，立柱上有两对激光发射器和接收器，分别把上、下两个激光发射器和接收器对应的接口用导线连接好，接通电源，当两个接收器接收到光线时，仪器面板上的两个触发指示灯点亮，仪器就能测出两次挡光之间的时间。

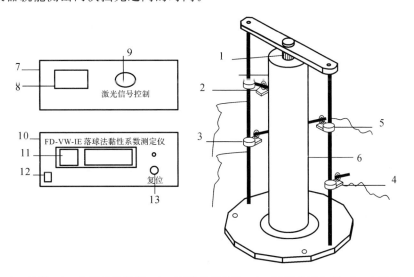

1—导管；2—上激光发射器；3—下激光发射器；4—下激光接收器；5—上激光接收器；6—圆筒；7—主机后面板；8—电源插座；9—激光信号控制；10—主机前面板；11—计时显示；12—电源开关；13—复位键

图 4 - 4 - 2　落球法黏性系数测定仪装置

立柱上面的横梁中间部位可以放置重锤线和小球导管,将小球放入导管,它就会沿着垂线的轨迹下落。利用重锤线,调节底盘旋钮,使重锤对准底盘的中心圆点,再调整两束激光使它们照在垂线上,并使接收器接收到激光,保证小球沿圆筒的中心轴线下落,并能挡光计时,这样就可以测出小球下落过程中经过两束激光间距离所需要的时间。

两个严格平行的激光束不仅可以精确测量小球下落时间,而且可以精确测量下落距离。

仪器上还装有温度传感器,可以方便测量液体的温度。仪器还带有磁铁,可以轻易地将小球从圆筒底部取出。

【实验内容与步骤】

(1)调整黏性系数测定仪。

① 小球用乙醚、酒精混合液清洗干净,并用滤纸吸干残液,备用。

② 调整底盘水平,在仪器横梁中间部位放重锤线,调节底盘旋钮,使重锤对准底盘的中心圆点。

③ 将实验架上的上、下两个激光器接通电源,可看见其发出红光。调节上、下两个激光器,使其红色激光束平行地对准锤线,并调节两个接收器,使上、下两个触发指示灯变亮。

④ 收回重锤线,将盛有被测液体的圆筒放置到实验架底盘中央,使上、下激光束分别在油面下方和筒底部上方约 8 cm 处,小球到达上激光束处时应已做匀速运动。

⑤由于玻璃和油的折射(让光线尽量沿直径通过),圆筒不可能很规则,因此放上油筒后,两个接收器同时都能接收到信号的可能性很小,需要稍作调整,再一次使两个触发指示灯都变亮。

(2)用温度计测量油温。在全部小球下落完后再测量一次油温,取平均值作为实际油温。

(3)在横梁中间放上小球导管,让小球从导管中下落。当小球下落到上面的激光束时,光线受阻,计时开始;当小球下落到下面的激光束时,计时停止,测出小球通过两束激光间距离所需要的时间,至少测 5 次。

(4)在测量下落时间的同时,观察指示灯,用手控秒表与激光开关同时计时,了解分析视觉误差和反应误差。

(5)更换另一种导管,用另一种大小不同的小球,再重测一组数据。

(6)分别用天平测量 $10 \sim 20$ 颗两种小球的质量,用千分尺测其直径 $d = 2r$;用液体密度计测量蓖麻油的密度 ρ;用游标卡尺测圆筒的内径 $D = 2R$;用米尺测量油柱深度 h 及上、下 2 个激光束之间的距离 l。

(7)用两种大小不同的小球分别计算蓖麻油的黏度。

(8)分析哪种球产生的误差较大及其产生的原因。

【注意事项】

(1)小珠直径可用读数显微镜测出,也可用千分尺测量。使用千分尺时,必须先查看和记录零点误差。

（2）测量液体温度时，需用精确度较高的温度计，若使用水银温度计，则必须定时校准。

（3）小球下落到第一个激光光电门时，应已做匀速运动。

（4）实验时，可用手控秒表与激光开关同时计时，以增加实验内容，并增强动手能力及误差分析能力。

（5）激光束不能直射人的眼睛，以免损伤眼睛。

（6）如果待测液体的黏度较小，而小球直径较大，这时必须做另一方面的修正。

（7）求不确定度可以不考虑修正项。

【分析思考】

（1）用同种材料制作的球，产生较大误差的是大球还是小球？

（2）如何判断小球已做匀速运动？

（3）用激光光电开关测量小球下落时间的方法，测量液体黏滞系数有何优点？

【数据记录】

实验数据记录表格可参考表 4-4-1～表 4-1-3。

表 4-4-1　用千分尺测量小球直径

$20m_1 =$ 　　　　，$20m_2 =$

次数	1	2	3	4	5	平均值
d_1 /mm						
d_2 /mm						

表 4-4-2　密度和长度

油密度 ρ /g·cm^{-3}	筒内直径 D /cm	两束激光间距 l /cm	油柱深度 h /cm

表 4-4-3　小球下落距离 l 所需时间　　　　　单位：s

次数	1	2	3	4	5	平均值
小球 1						
小球 2						

实验 4.5 不良导体导热系数的测量

物体间的热量交换有热传导、对流、热辐射 3 种形式。其中热传导是指物体各部分间不发生相对位移时，依靠分子、原子及自由电子等微观粒子的热运动而产生的热量传递过程。导热系数（又称热导率）是表征物质热传导性质的重要物理量（国际单位为 $W \cdot m^{-1} \cdot K^{-1}$），材料结构的变化、所含的不同杂质对材料导热系数都有明显的影响，因此材料的导热系数常常需要由实验方法具体测定。

测量导热系数的实验方法一般分为稳态法和动态法两类。在稳态法中，先利用热源对样品加热，样品内部的温差使热量从高温向低温处传导，样品内部各点的温度将随加热快慢和传热快慢的影响而变动。当适当控制实验条件和实验参数使加热和传热的过程达到稳定状态时，待测样品内部就能形成稳定的温度分布，根据这一温度分布就可以计算出导热系数。而在动态法中，最终在样品内部所形成的温度分布是随时间变化的，如呈周期性的变化，变化的周期和幅度亦受实验条件的影响。

【实验目的】

（1）测量不良导体的导热系数。
（2）学习用物体散热速率求热传导速率的实验方法。
（3）学习温度传感器的应用方法。

【实验原理】

本实验应用稳态法测量不良导体（橡皮样品）的导热系数。在实验中，样品制成平板状，其上端面与一个稳定的均匀发热体充分接触，下端面与一个均匀散热体相接触。由于平板样品的侧面积比平板平面小很多，可以认为热量只沿着上下方向垂直传递，横向由侧面散去的热量可以忽略不计。可认为样品内只有在垂直样品平面的方向上有温度梯度，在同一平面内，各处的温度相同。

当达到稳定热传导时，设待测样品 B 盘的上、下平面温度分别为 θ_1、θ_2，根据傅里叶热传导定律，在 Δt 时间内通过样品传导的热量 ΔQ 满足

$$\frac{\Delta Q}{\Delta t} = k \frac{\theta_1 - \theta_2}{h_B} S \tag{4-5-1}$$

式中，k 为样品的导热系数；h_B 为样品的厚度；S 为样品的平面面积。实验中样品为圆盘状，设圆盘样品的直径为 d_B，则

$$\frac{\Delta Q}{\Delta t} = k \frac{\theta_1 - \theta_2}{4h_B} \pi d_B^2 \tag{4-5-2}$$

导热系数测定仪装置如图 4-5-1 所示，固定于底座的 3 个支架上，支撑着一个铜散热盘 P，散热盘上安放待测圆盘样品 B，样品 B 上放置一个圆盘状加热盘 C，3 个圆盘的面积近似相等。当传热达到稳定状态时，样品 B 盘上下表面的温度 θ_1 和 θ_2 不变，这时可认为加热盘 C 通过样品传递的热流量与散热盘 P 向周围环境散发的热量相等。因此可以通过散热盘 P 在稳定温度 θ_2 时的散热速率来求出热流量 $\frac{\Delta Q}{\Delta t}$。

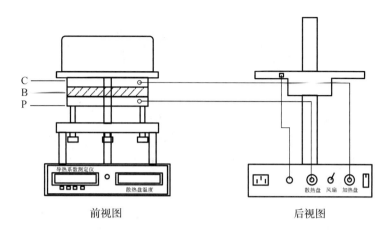

前视图　　　　　　　　　　　后视图

图 4-5-1　导热系数测定仪装置

实验过程中,当测得稳态时的样品上、下表面温度 θ_1 和 θ_2 后,将样品 B 抽去,让加热盘 C 与散热盘 P 接触。当散热盘的温度上升到高于稳态时的 θ_2 值 10 ℃以上后,移开加热盘,让散热盘自然冷却,记录散热盘温度 θ 随时间 t 的下降情况,求出散热盘在 θ_2 时的冷却速率 $\left.\dfrac{\Delta\theta}{\Delta t}\right|_{\theta_2}$,则散热盘 P 在 θ_2 时的散热速率为

$$\frac{\Delta Q}{\Delta t} = mc\left.\frac{\Delta\theta}{\Delta t}\right|_{\theta_2} \qquad (4-5-3)$$

式中,m 为散热盘 P 的质量;c 为其比热容。

在稳定的热传导过程中,散热盘 P 的上表面并未暴露在空气中,而物体的冷却速率与它的散热表面积成正比,因此,稳态时散热盘 P 的散热速率与自然冷却时散热盘 P 的散热速率之比,等于这两种情况下的散热盘 P 的散热表面积的比,即

$$k\frac{\theta_1-\theta_2}{4h_B}\pi d_B^2 = mc\left.\frac{\Delta\theta}{\Delta t}\right|_{\theta_2}\frac{(\pi R_P^2 D + 2\pi R_P h_P)}{(2\pi R_P^2 + 2\pi R_P h_P)} \qquad (4-5-4)$$

式中,R_P 为散热盘 P 的半径;h_P 为其厚度。待测样品的导热系数为

$$k = mc\left.\frac{\Delta\theta}{\Delta t}\right|_{\theta_2}\frac{(R_P + 2h_P d)}{(2R_P + 2h_P)} \cdot \frac{4h_B}{(\theta_1-\theta_2)} \cdot \frac{1}{\pi d_B^2} \qquad (4-5-5)$$

即

$$k = \frac{2mch_B(d_P + 4h_P)}{\pi d_B^2(d_P + 2h_P)(\theta_1-\theta_2)} \cdot \left.\frac{\Delta\theta}{\Delta t}\right|_{\theta_2} \qquad (4-5-6)$$

式中,d_P 为散热盘 P 的直径。

【实验仪器】

本实验所用仪器有导热系数测定仪、待测物(橡皮)、电子天平、游标卡尺、秒表等。

导热系数测定仪装置如图 4-5-1 所示,其由电加热器、铜加热盘 C,橡皮样品圆盘 B,铜散热盘 P、支架、调节螺丝、温度传感器以及控温与测温器组成。固定于底座的 3 个支架支撑着一个铜散热盘 P,散热盘 P 可以借助底座内的风扇,达到稳定有效的散热。散热盘上安放面积相同的圆盘样品 B,样品 B 上放置一个圆盘状加热盘 C,其面积也与样品 B 的面积相同,加热盘 C 由单片机控制进行自适应电加热,可以设定加热盘的温度。

该仪器是用稳态法测不良导体导热系数的实验仪器，加热盘采用单片机自适应控制测温传感器，读数显示为摄氏度，精度是 0.1 ℃，恒温控制温度为（室温～80）℃。散热盘测温传感器由另一个单片机控制，读数精度也为 0.1 ℃，该仪器结构牢固、测控方便。

【实验内容与步骤】

（1）用天平测量散热盘的质量 m，查出散热盘（铜）的比热容 c。

（2）用卡尺分别测量散热盘、样品（橡皮）盘的厚度和直径（在不同位置多次测量）。

（3）取下固定螺丝，将橡皮样品放在加热盘与散热盘中间，橡皮样品要求与加热盘、散热盘尽量对准对齐。调节底部的 3 个微调螺丝，使样品与加热盘、散热盘接触良好，但注意不宜过紧或过松。

（4）插好加热盘的电源插头，再将 2 根连接线的一端与机壳相连，另一带有传感器端插在加热盘和散热盘的小孔中，要求传感器完全插入小孔中，并在传感器上涂抹一些硅油或者导热硅脂，以确保传感器与加热盘和散热盘接触良好。还应注意加热盘和散热盘两个传感器要一一对应，不可互换。

（5）接通电源后，左边表头首先显示加热盘当时的温度，设定好控制温度（约 50 ℃），按"确定"键，加热盘即开始加热。打开电扇开关，右边表头显示散热盘的温度。

（6）加热盘的温度上升到设定温度值时，开始观察散热盘的温度。当散热盘的温度达稳定后，记录样品上表面的温度 θ_1 和下表面的温度 θ_2。

（7）按"复位"键停止加热，取走样品，调节 3 个螺栓使加热盘和散热盘接触良好，再设定温度到 80 ℃，加快散热盘的升温过程，使散热盘温度上升到高于稳态时的 θ_2 值 10 ℃左右即可。

（8）移去加热盘，让散热圆盘在风扇作用下冷却，每隔 10 s（或者 20 s）记录一次散热盘的温度，由临近 θ_2 值的温度数据，计算冷却速率 $\left.\dfrac{\Delta\theta}{\Delta t}\right|_{\theta_2}$。也可由实验数据作冷却曲线，根据曲线在温度 θ_2 的切线斜率计算冷却速率。

（9）根据测量的数据，由式（4-5-6）计算橡皮的导热系数。

【注意事项】

（1）实验前将加热盘、散热盘及样品的表面擦拭干净，可以涂上少量硅油或者导热硅脂，以保证接触良好。

（2）加热盘和散热盘侧面两个小孔安装数字式温度传感器，不可插错。为了准确测定加热盘和散热盘的温度，插小孔之前应该在两个传感器上涂抹导热硅脂或者硅油，以使传感器和加热盘、散热盘充分接触。

（3）加热橡皮样品的时候，调节底部的 3 个微调螺丝，使样品与加热盘、散热盘紧密接触，注意中间不要有空隙；也不要将螺丝旋得太紧，以免影响样品的厚度。

（4）导热系数测定仪铜盘下方的风扇用于强迫对流换热，可减小样品侧面与底面的放热比，增加样品内部的温度梯度，从而减小实验误差，所以实验过程中，风扇一定要打开。

（5）在实验过程中，需移开加热盘时，应先关闭加热电源，注意不要烫伤手。实验结束后，切断总电源，保管好测量样品，不要使样品两端面划伤，以免影响实验的精度。

【分析思考】

　　(1) 导热系数的物理意义是什么？

　　(2) 测量散热速率时应注意什么？

　　(3) 应用稳态法如何测量良导体的导热系数？实验方法与测不良导体有什么区别？

【数据记录】

　　实验数据记录表格可参考表 4 - 5 - 1～表 4 - 5 - 3。

表 4 - 5 - 1　散热盘 P 和待测盘 B 的相关参数

散热铜盘质量 $m =$ 　　　　　　　　　，散热盘比热容 $c = 385\ \mathrm{J \cdot kg^{-1} \cdot K^{-1}}$

次数	1	2	3	4	5	平均值
厚度 h_P /mm						
直径 d_P /mm						
厚度 h_B /mm						
直径 d_B /mm						

表 4 - 5 - 2　到达稳定热传导时待测盘温度

上表面 θ_1 /℃	下表面 θ_2 /℃

表 4 - 5 - 3　散热盘自然冷却时每隔 10 s 温度

从比 θ_2 高 2 ℃左右开始，至比 θ_2 低 2 ℃左右停止(计时计温)

θ/ ℃									...

实验 4.6 空气比热容比的测定

分子的大小线度不计、分子间无相互作用力、分子间的碰撞是弹性碰的气体是理想气体。实际气体在温度不太低、压强不太高的条件下，可视为理想气体。常温常压下的空气即可视为理想气体。空气是混合气体，主要成分是氮气和氧气，因此，它的一些性质很接近双原子理想气体。气体的比热容比定义为等压比热容与等体比热容之比，也等于等压摩尔热容与等体摩尔热容之比，该值在热力学特别是绝热过程中是一个很重要的参量。比热容比也称为绝热指数，比与气体性质有关，还与温度有关，在温度不是很高、温度变化范围也不大的情况下，不考虑温度的影响。

【实验目的】

(1) 用绝热膨胀法测定空气的比热容比。

(2) 观测热力学过程中状态变化及基本物理规律。

(3) 学习气体压力传感器和电流型集成温度传感器的原理及使用方法。

【实验原理】

气体的比热容比 γ（又称为绝热指数）定义为等压比热容 c_P 与等体比热容 c_V 之比，也等于等压摩尔热容 $C_{P,m}$ 与等体摩尔热容 $C_{V,m}$ 之比，即

$$\gamma = \frac{c_P}{c_V} = \frac{C_{P,m}}{C_{V,m}} \qquad (4-6-1)$$

理想气体的定压摩尔热容 $C_{P,m}$ 和定容摩尔热容 $C_{V,m}$ 之间有如下关系：

$$C_{P,m} - C_{V,m} = R \qquad (4-6-2)$$

式中，R 为普适气体常量。

本实验的主要仪器是贮气瓶，以贮气瓶内空气作为研究的热力学系统，进行如下实验过程：

(1) 先打开放气阀，贮气瓶与大气相通，再关闭放气阀，瓶内充满与周围空气同温同压的气体（P_0，V_2，T_0）（其中 P_0 为环境大气压强，T_0 为室温，V_2 表示贮气瓶体积）。

(2) 打开充气阀，用充气球向瓶内打气，充入一定量的气体，然后关闭充气阀。此时瓶内空气被压缩，压强增大，温度升高。待内部气体温度稳定，且与环境温度相等时，此时的气体处于状态（P_1，V_2，T_0）。

(3) 迅速打开放气阀，使瓶内空气与大气相通，当瓶内压强降至 P_0 时，立刻关闭放气阀。将体积为 ΔV 的气体喷泻出贮气瓶。把瓶中保留的气体作为研究对象，由于放气过程较快，瓶内剩余的气体来不及与外界进行热交换，可以认为是一个绝热膨胀过程。此后，瓶中剩下的气体由状态 Ⅰ（P_1，V_1，T_0）转变为状态 Ⅱ（P_0，V_2，T_1），其中 V_1 为瓶中保留气体在状态 Ⅰ（P_1，T_0）时所占的体积。由于瓶内气体温度 T_1 低于室温 T_0，所以瓶内气体慢慢从外界吸热，直至达到室温 T_0 为止，此时瓶内气体压强也随之增大为 P_2，气体状态变为 Ⅲ（P_2，V_2，T_0）。从状态 Ⅱ 至状态 Ⅲ 的过程可以看作是一个等容吸热的过程。由状态 Ⅰ 至状态 Ⅱ 再至状态 Ⅲ 的过程如图 4-6-1 所示。

图 4-6-1 一定量空气的状态变化过程

状态Ⅰ至状态Ⅱ是绝热过程，由绝热过程方程得

$$P_1 V_1^\gamma = P_0 V_2^\gamma \tag{4-6-3}$$

状态Ⅰ和状态Ⅲ的温度均为 T_0，由气体状态方程得

$$P_1 V_1 = P_2 V_2 \tag{4-6-4}$$

消去 V_1、V_2 得

$$\gamma = \frac{\ln P_1 - \ln P_0}{\ln P_1 - \ln P_2} = \frac{\ln P_1/P_0}{\ln P_1/P_2} \tag{4-6\quad5}$$

可以看出，只要测得 P_0、P_1、P_2 就可求得空气的比热容比 γ。

【实验仪器】

本实验所用仪器有空气比热容比测定仪、福廷式水银气压计。

1. 空气比热容比测定仪

空气比热容比测定仪装置如图 4-6-2 所示，由贮气瓶、机箱(含两个数字电压表、一个气体压力表)、两个传感器(电流型集成温度传感器、扩散硅压力传感器)、打气球、活塞及引线等组成。压力传感器和压力表用于测量瓶内空气的压强，它们显示的是瓶内空气压强 P 与外界大气压 P_0 的差值 P'。

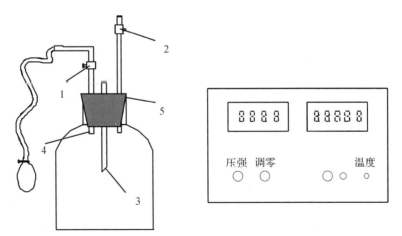

1—进气活塞；2—放气活塞；3—温度传感器；4—气体压力传感器；5—橡皮塞

图 4-6-2 空气比热容比测定仪装置

压力传感器的电压表设有调零旋钮，在瓶内空气压强与外界大气压相等时，调节调零旋钮使电压为零，同时压力表的指针也在 0 刻线。

压力传感器显示的电压大小与瓶内空气压强大小成正比，实验前先要利用压力表对压

力传感器定标,即确定电压与压强(其实是瓶内空气压强与外界大气压的差值 P')的关系,设

$$U = aP' \qquad\qquad (4-6-6)$$

即确定传感器的灵敏度 a(用逐差法或作图法求出 a)。

2. 福廷式水银气压计

福廷式水银气压计结构如图 $4-6-3$ 所示,是测量大气压力的装置,利用倒置于水银槽内玻璃管柱中的水银重量与周围大气压力平衡的原理,用水银柱的高度表示大气压。仪器由其上方的吊环悬挂起来,保持垂直,玻璃管上端封闭,且有一段是真空。

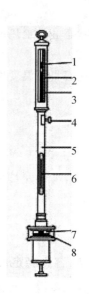

在玻璃管外面有一个金属护套,套管上刻有量度水银柱高度的刻度尺。在水银槽顶上装有一支象牙针,针尖正好位于管外刻度尺的零点,水银槽底部的旋钮可使槽内水银面恰好与象牙针尖接触(即与刻度尺的零点在一条水平线上),然后由管上刻度尺(利用游标卡尺结构)读出水银柱的高度,此高度示数即为当时当地大气压的大小。

一个标准大气压等于 760 mm 水银柱的高度 1 atm=760 mmHg=$1.013×10^5$ Pa。

1—游标尺;2—刻度标尺;3—水银柱;
4—游标尺调整螺旋;5—外套管;6—附属温度计;7—象牙针;8—水银面

图 $4-6-3$ 福廷式水银气压计

【实验内容与步骤】

(1) 接好仪器的连线,温度传感器的正负极切勿接错,打开电源,将仪器预热几分钟。

(2) 用水银气压计测定大气压强 P_0:首先把气压计垂直悬挂在墙上,转动水银槽底部旋钮,使槽内水银面恰好跟象牙针尖接触。然后调节游尺调整螺旋,使游尺零刻线与水银柱上端凸面相切,利用游标尺读出水银柱的高度,此高度即为当时当地的大气压。

(3) 打开放气阀,使瓶内空气压强与外界大气压相等,用调零旋钮把压力传感器的电压表调到零。

(4) 压力传感器定标:关闭放气阀,打开充气阀,然后用打气球把空气稳定地徐徐压入贮气瓶内,记录压力表和压力传感器对应的值,用逐差法或作图法求出传感器的灵敏度 a。

(5) 用打气球把空气缓慢地压入贮气瓶内,使压强达到一定值,关闭充气阀。当压强和温度都稳定后,记录压力传感器的电压 P_1'(mV),再把电压转换为压强 P_1'(kPa),此压强 P_1'(kPa)是瓶内空气压强与外界大气压的差值,此时瓶内空气压强为 $P_1 = P_0 + P_1'$。

(6) 突然打开放气阀,当贮气瓶的空气压强降低至环境大气压强 P_0 时(这时放气声消失),迅速关闭放气阀。可观察到压力传感器的电压很快减小到零,又慢慢增大;温度传感器的电压减小后慢慢增大。

(7) 当贮气瓶内空气的温度和压强都稳定后,记录压强 P_2'(mV),此时瓶内空气压强为 $P_2 = P_0 + P_2'$。

(8) 多次测量,分别计算每次测量的空气比热容比(计算时注意单位统一)。

【注意事项】

(1) 当打开活塞放气,听到放气声结束时,应迅速关闭活塞,提早或推迟关闭活塞,都将引入误差,影响实验结果。

(2) 实验设备不要靠近窗口,阳光照射会影响实验进行。

(3) 玻璃活塞如有漏气,可用乙醚将油脂擦干净,然后重新涂抹真空油脂。

(4) 橡皮塞与玻璃瓶或玻璃管接触部位等处有漏气时,需涂胶水密封,涂胶水后必须等胶水变干且不漏气,方可进行实验。

(5) 压力传感器头与测量仪器(主机)配套使用,其上标有相对应的号码,各台仪器之间不可互相换用。

【分析思考】

(1) 水银气压计测量大气压的原理是什么?使用时应注意什么?

(2) 每台仪器的压力传感器的电压与压强的对应关系不完全一样,如何确定两者的关系?

(3) 温度对实验结果有无影响?

【数据记录】

实验数据记录表格可参考表 4-6-1 和表 4-6-2。

表 4-6-1 压力传感器定标

压力表值 P'/kPa	0	1.00	2.00	3.00	4.00	5.00	6.00	7.00	8.00
电压表值 U/mV	0								

表 4-6-2 空气比热容比测定

环境大气压 $P_0 =$

次数	P'_1/mV	P'_1kPa	P_1/kPa	P'_2/mV	P'_2/kPa	P_2/kPa	γ
1							
2							
3							
4							
5							

第5章 电磁学实验

实验5.1 静电场的模拟与描绘

静电场是静止电荷周围存在的一种特殊物质。各种电子器件的研制以及化学电镀、静电喷漆等工艺，均需了解带电体或电极间的静电场分布。一般来说带电体的形状比较复杂，很难用理论方法进行计算，其数学表达式大多也无法求得。由于静电场中不存在电流，无法用直流电表直接测量，因此往往需要借助实验的方法来测定。采用静电式仪表测量，必须用金属探针，然而引入探针会出现感应电荷，随之带来附加电场，它会与原电场叠加而改变被测电场，也就影响了原带电体系的电荷分布。因此，一般采用间接测量的方法来描述静电场，利用稳恒电流场来模拟测绘静电场的分布，就是其中一种常用的测量方法。电磁场理论指出，静电场和稳恒电流具有相同形式的数学方程式，因而这两个场具有相同形式的解，即电流场的分布与静电场的分布完全相似。因此，可以用稳恒电流场来模拟静电场，且此时测量探针的引入不会造成模拟场的畸变，这样就可间接地测出被模拟的静电场。这种模拟法可以广泛地用于电缆、电子管、示波管、电子显微镜等内部电场分布情况的研究。

【实验目的】

(1) 学习用模拟法描绘静电场的分布规律。

(2) 加深对电场强度和电势概念的理解。

(3) 学习用坐标纸作图。

【实验原理】

1. 模拟法原理

为了克服直接测量静电场的困难，可以仿造一个与静电场分布完全一样的电流场，用容易直接测量的电流场模拟静电场。

静电场与稳恒电流场本是两种不同的场，但是它们两者之间在一定条件下具有相似的空间分布，即两场遵守的规律在形式上相似。它们都可以引入电位 U，而且电场强度 $E = \Delta U / \Delta I$，且都遵循高斯定理，即对静电场，电场强度在无源区域内满足以下积分关系：

$$\oint \boldsymbol{E} \cdot \mathrm{d}s = 0 \qquad (5-1-1)$$

$$\oint \boldsymbol{E} \cdot \mathrm{d}l = 0 \qquad (5-1-2)$$

对于稳恒电流场，电流密度矢量 $\boldsymbol{J}$ 在无源区域内也满足类似的积分关系：

$$\oint \boldsymbol{J} \cdot \mathrm{d}s = 0 \tag{5-1-3}$$

$$\oint \boldsymbol{J} \cdot \mathrm{d}l = 0 \tag{5-1-4}$$

由此可见，$\boldsymbol{E}$ 和 $\boldsymbol{J}$ 在各自区域中满足同样的数学规律。若稳恒电流空间均匀充满了电导率为 σ 的不良导体，不良导体内的电场强度 $\boldsymbol{E}'$ 与电流密度矢量 $\boldsymbol{J}$ 之间遵循欧姆定律：

$$\boldsymbol{J} = \sigma \boldsymbol{E}' \tag{5-1-5}$$

因此，$\boldsymbol{E}$ 和 $\boldsymbol{E}'$ 在各自的区域中也满足同样的数学规律。在相同边界条件下，由电动力学的理论可以严格证明：具有相同边界条件的相同方程，其解也相同。因此，可以用稳恒电流场来模拟静电场，即静电场的电场线和等势线与稳恒电流场的电流密度矢量和等位线具有相似线的分布，所以测定出稳恒电流场的电位分布也就求得了与它相似的静电场的电场分布。

2. 同轴柱面电极电场分布

同轴圆柱形电缆的"静电场"和相应的模拟场称为"稳恒电流场"。如图 5-1-1(a) 所示，在真空中半径为 r_a 的长圆柱导体(电极)A 和半径为 r_b 的长圆柱桶电极 B 的中心轴重合，并分别带有等量异号电荷 q。由高斯定理可知，在垂直于轴线上的任何一个截面 S 内，均匀分布辐射状电力线，这是一个与坐标 z 无关的二维场。在二维场中电场强度 E 正平行于 xy 平面，其等位面为一簇同轴圆柱面，如图 5-1-1(b) 所示。因此，只需研究任一垂直横截面上的电场分布即可。

运用高斯定理可计算电极 A、B 间的静电场，在半径为 $r(r_a < r < r_b)$ 的位置上电场强度为

$$E = -\frac{\mathrm{d}U}{\mathrm{d}R} = \frac{q}{2\pi\varepsilon_0 r} \tag{5-1-6}$$

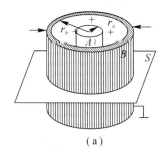
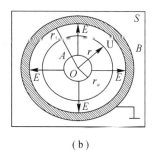

(a)　　　　　　　　　　　(b)

图 5-1-1　同轴长圆形电场分布示意图

相应电势为

$$U_r = -\int E \mathrm{d}r = -k \int \frac{\mathrm{d}r}{r} = -k\ln r + C \tag{5-1-7}$$

式中，$k = \dfrac{q}{2\pi\varepsilon_0}$；$C$ 为积分常数。若中心处电极 A 的电势为 U_1，则 R 处的相对电势为

$$\frac{U_r}{U_1} = -k\ln r + C' \tag{5-1-8}$$

式(5-1-8)表明半径 R 处的相对电势 $\dfrac{U_r}{U_1}$ 与 $\ln r$ 呈线性关系，并且 $\dfrac{U_r}{U_1}$ 仅是半径 r 的函数，与 U_1 的大小无关。

【实验仪器】

本实验所用仪器有静电场描绘仪(电源、数字电压表)、同轴柱面电极、长平行板电极、长平行导线电极、探针、坐标纸、导线若干。

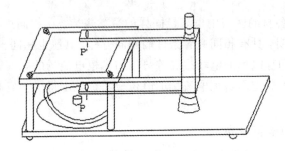

图 5-1-2　静电场实验仪实物图

【实验内容与步骤】

(1) 将静电场实验仪连接组成电流场回路和测量回路。

(2) 在电极间注入导电介质(自来水)。

(3) 用金属探针在电极间平移使电压表的读数分别为 3.00 V、4.00 V、5.00 V、6.00 V、7.00 V、8.00 V 时，记下它们在电极坐标系的位置坐标并计入表 5-1-1 中。每条等势线上至少均匀记录 8 个点，且均匀分布在不同的方位上。

注意：此步骤可灵活选择 4～6 条等位线。

(4) 在备好的坐标纸上描出相应的点，将电位相等的点用光滑的线连接，并标明每一条等位线的电位值。

(5) 根据等位线和电力线互相垂直的关系画出各组电极的电场线。

(6) 对圆柱形电极，验证实验的正确性：以 $\ln r$ 为横坐标，U_r 为纵坐标，绘出 U_r-$\ln r$ 曲线，观察其是否为直线。

【注意事项】

(1) 水槽由有机玻璃构成，注意小心轻放，如有破裂，应及时处理。

(2) 实验过程中探针移动要缓慢，不要将水溅到桌面上。

(3) 记录电位相同的各点坐标位置时，要垂直观测，不要斜视。

(4) 实验完毕，将水槽中的自来水倒出并晾干仪器。

【分析与思考】

(1) 本实验采用静电场模拟法的实验条件是什么？

(2) 如果本实验中电源的电动势不稳定，是否会影响测定各等势线的位置？

【数据记录】

实验数据记录表格可参考表 5-1-1～表 5-1-3。

表 5-1-1　圆柱形电极电压表读数随坐标位置变化

U_r/V	3.00	4.00	5.00	6.00	7.00	8.00
r_1 /cm						
r_2 /cm						
r_3 /cm						
r_4 /cm						
r_5 /cm						
r_6 /cm						
r_7 /cm						
r_8 /cm						
$\bar{r}$ /cm						
$\ln r$ /cm						

由表 5-1-1 绘制 U_r-$\ln r$ 曲线图及同轴柱面(电缆)的电场分布图,可参考图 5-1-3(a)。

表 5-1-2　平行导线电极电压表读数随坐标位置变化

U_r/V	3.00	4.00	5.00	6.00	7.00	8.00
r_1 /cm						
r_2 /cm						
r_3 /cm						
r_4 /cm						
r_5 /cm						
r_6 /cm						
r_7 /cm						
r_8 /cm						

由表 5-1-2 绘制平行导线的电场分布图，可参考图 5-1-3(b)。

表 5-1-3　平行导线电极电压表读数随坐标位置变化

U_r /V	3.00	5.00	7.00	9.00
r_1 /cm				
r_2 /cm				
r_3 /cm				
r_4 /cm				
r_5 /cm				
r_6 /cm				
r_7 /cm				
r_8 /cm				

由表 5-1-3 绘制平行导线的电场分布图。

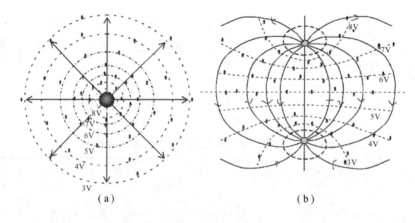

（a）　　　　　　　　　　（b）

图 5-1-3　同轴柱面(电缆)、平行导线(输电线)的电场分布图

实验 5.2　电表的改装与校准

电表在电学测量中有着广泛的应用，因此了解和使用电表就显得十分重要。常用的直流电流表和电压表都是由微安表改装而成的，微安表一般只能测量较小的电流和电压。如果测量实际中较大的电流或电压时，就必须对其进行改装及校准，以扩大其量程。常用的万用表就是对微安表头进行多量程改装而成的，在电路的测量和故障检测中得到了广泛的应用。

【实验目的】

（1）掌握将 $100~\mu A$ 表头改成较大量程的电流表和电压表的方法。

（2）学会校准电流表和电压表的方法。

【实验原理】

常见的磁电式电流计主要由置于永久磁场中由细漆包线绕制的可以转动的线圈、用来产生机械反力矩的游丝、指示指针和永久磁铁所组成。当电流通过线圈时，载流线圈在磁场中产生磁力矩 M，使线圈转动，从而带动指针偏转。线圈偏转角度的大小与通过的电流大小成正比，所以可由指针的偏转直接指示出电流值。

电流计允许通过的最大电流称为电流计的量程，用 I_g 表示；电流计的线圈有一定内阻，用 R_g 表示，I_g 与 R_g 是两个表示电流计特性的重要参数。用替代法测得电流计的内阻 R_g，内阻约为 $3200~\Omega$。

1. 改装为大量程电流表

根据电阻并联规律可知，如果在表头两端并联一个阻值适当的电阻 R_2，如图 5-2-1 所示，可使表头不能承受的部分电流从 R_2 上分流通过。这种由表头和并联电阻 R_2 组成的整体（图中虚线框住的部分）就是改装后的电流表。如需将量程扩大 n 倍，则不难得出

$$R_2 = \frac{R_g}{n-1} \qquad (5-2-1)$$

扩流后的电流表原理图如图 5-2-1 所示，用电流表测量电流时，电流表应串联在被测电路中，所以要求电流表应有较小的内阻。另外，在表头上并联阻值不同的分流电阻，便可制成多量程的电流表。

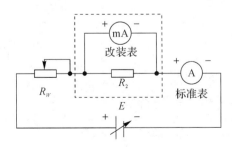

图 5-2-1　微安表改装成电流表原理图

2. 改装为电压表

一般表头能承受的电压很小，不能用来测量较大的电压。为了测量较大的电压，可以给表头串联一个阻值适当的电阻 R_M，如图 5-2-2 所示，使表头上不能承受的部分电压加载于电阻 R_M 上。这种由表头和串联电阻 R_M 组成的整体就是电压表，串联的电阻 R_M 叫作扩程电阻。选取不同大小的 R_M，就可以得到不同量程的电压表。由图 5-2-2 可求得扩程电阻值为

$$R_M = \frac{U}{Ig} - R_g \tag{5-2-2}$$

用电压表测电压时，电压表总是并联在被测电路上，为了不因并联电压表而改变电路的工作状态，要求电压表应有较高的内阻。

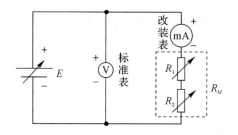

图 5-2-2　微安表改装成电压表原理图

【实验仪器】

本实验所用仪器有 FB907 型电学综合实验仪、测试元件、专用连接线等。

FB907 型电学综合实验仪实物图如图 5-2-3 所示。

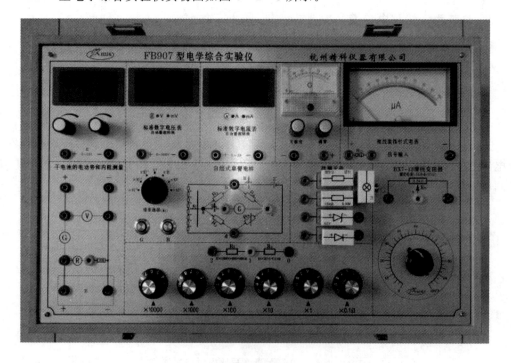

图 5-2-3　FB907 型电学综合实验仪实物图

【实验内容与步骤】

(1) 在进行实验前应对毫安表进行机械调零。

(2) 用替代法测出表头的内阻并记录 $Rg =$ Ω。

(3) 将一个量程为 $100\ \mu\text{A}$ 的表头改装成 1mA 量程的电流表。

① 根据式(5-2-1)计算出分流电阻值,先将电源调到最小,滑动变阻器调到中间位置,再按图 5-2-1 接线。

② 慢慢调节电源,升高电压,使改装表指到满量程(可配合调节滑动变阻器),这时记录标准表读数。注意:R_w 作为限流电阻,阻值不要调至最小值。然后调小电源电压,使改装表每隔 $0.2\ \text{mA}$(满量程的 1/5)逐步减小读数直至零点。将标准电流表选择开关调至 $2\ \text{mA}$ 挡量程,再调节电源电压,按原间隔逐步增大改装表读数到满量程,每次记下标准表相应的读数。

③ 以改装表读数为横坐标,示值误差为纵坐标,在坐标纸上作出电流表的校正曲线。

(3) 将一个量程为 $100\ \mu\text{A}$ 的表头改装成 $1.5\ \text{V}$ 量程的电压表。

① 根据式(5-2-2)计算扩程电阻 R_M 的阻值,可用 R_1、R_2 进行实验。

② 用量程为 $2\ \text{V}$ 的数显电压表作为标准表来校准改装的电压表。

③ 调节电源电压,使改装表指针指到满量程($1.5\ \text{V}$),记下标准表读数。然后每隔 $0.3\ \text{V}$ 逐步减小改装表读数直至零点,再按原间隔逐步增大到满量程,每次记下标准表相应的读数。

④ 以改装表读数为横坐标,以示值误差为纵坐标,在坐标纸上作出电压表的校正曲线。

【注意事项】

(1) 连接电路时,注意电源的正负极与电表的正负极。

(2) 电路连接完成后,要检查无误才能合上开关进行测量。

【分析与思考】

(1) 是否还有别的办法来测定电流计内阻?

(2) 电流表和电压表在结构和用法上有什么区别?

【数据记录】

实验数据记录表格可参考表 5-2-1 和表 5 2-2。

表 5-2-1　微安表改装成电流表

改装表读数/μA	标准表读数/mA			示值误差 $\Delta I/\text{mA}$
	减小时	增大时	平均值	
20				
40				
60				
80				
100				

表 5 - 2 - 2 微安表改装成电压表

改装表读数/V	标准表读数/V			示值误差 ΔI/V
	减小时	增大时	平均值	
0.3				
0.6				
0.9				
1.2				
1.5				

实验 5.3　惠斯通电桥测电阻

桥式电路是常见的基本电路。利用桥式电路制成的电桥是一种用比较法进行测量的仪器，它具有灵敏度和精确度都很高的特点。因此，电桥被广泛用于精确测量电阻、电容、电感、频率、温度、压力等许多电学量和非电学量，在自动控制和自动检测中也得到了极其广泛的应用。在实际应用中，电桥的类型有很多种，其结构和性能也各有特点，但基本原理是相同的。惠斯通电桥是最基本的一种，通常用来精确测量 $10^0\ \Omega \sim 10^6\ \Omega$ 的中值电阻。

电桥分为直流电桥和交流电桥两大类。直流电桥又分为单臂电桥和双臂电桥，单臂电桥又称为惠斯通电桥，主要用于精确测量中值电阻。双臂电桥又称为开尔文电桥，主要用于精确测量低值电阻。本次实验主要学习应用惠斯通电桥测电阻。

【实验目的】

(1) 了解惠斯通电桥的构造和测量原理。

(2) 掌握用惠斯通电桥测电阻的方法。

(3) 了解电桥灵敏度的概念及其对电桥测量准确度的影响。

【实验原理】

1. 惠斯通电桥的线路原理

惠斯通电桥的线路原理如图 5-3-1(a)所示。四个电阻 R_1，R_2，R_x 和 R_S 联成一个四边形，每一条边称作电桥的一个臂，其中 R_1、R_2 组成比例臂，R_x 为待测臂，R_S 为比较臂，四边形的一条对角线 AB 中接电源 E，另一条对角线 CD 中接检流计 G。所谓"桥"就是指接有检流计的 CD 对角线，检流计用来判断 C、D 两点电位是否相等，或者说判断"桥"上有无电流通过。电桥未调平衡时，"桥"上有电流通过检流计，当适当调节各臂电阻，可使"桥"上无电流，即 C、D 两点电位相等，电桥达到了平衡。此时的等效电路如图 5-3-1(b)所示。

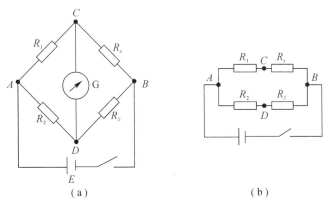

图 5-3-1　惠斯通电桥原理图

根据图 5-3-1(b)电路可知，当电桥平衡时，有

$$I_G = 0$$

则

$$U_{AC} = U_{AD}, \quad U_{CB} = U_{DB}$$

由欧姆定律得

$$I_{AC}R_1 = I_{AD}R_2, \quad I_{CB}R_x = I_{DB}R_S$$

由于检流计无电流通过，故

$$I_{AC} = I_{CB}, \quad I_{AD} = I_{DB}$$

整理得

$$\frac{R_1}{R_2} = \frac{R_x}{R_S}, \quad R_x = \frac{R_1}{R_2}R_S \tag{5-3-1}$$

式(5-3-1)即电桥的平衡条件。如果已知 R_1、R_2、R_s，则待测电阻 R_x 可求得。令式(5-3-1)中的 $\frac{R_1}{R_2} = k$，则

$$R_x = kR_S \tag{5-3-2}$$

式中，k 称为比例系数(即倍率)。在用箱式电桥测电阻过程中，只需调节 k 值而无需分别调节 R_1、R_2 的值，因为箱式电桥上设置有一个旋钮 k 值，并不另外分 R_1、R_2。但在自组式电桥电路中，则需要分别调节两个电阻箱(R_1、R_2)，从而得到 k 值。

由电桥的平衡条件可以看出，式(5-3-2)除被测电阻 R_x 外，其他几个量也都是电阻器。因此，电桥法测电阻的特点是将被测电阻与已知电阻(标准电阻)进行比较而获得被测值的，因而测量的精度取决于标准电阻。一般来说，标准电阻的精度可以做得很高，因此，测量的精度也可以达到很高。伏安法测电阻中测量的精度要依赖电流表和电压表，而电流表和电压表无法实现高准确度等级，因此，测量精度不可能很高。惠斯通电桥测电阻时，测量的精度不依赖电表，故其测量精度比伏安法的测量精度高。

2. 电桥的灵敏度及影响因素

用电桥测量电阻仅在电桥平衡时才成立，而电桥的平衡是依据检流计的偏转来判断的，由于判断时受到眼睛分辨能力的限制而存在差异，会给测量结果带来误差，影响测量的准确性。这个影响的大小取决于电桥的灵敏度。所谓电桥灵敏度，就是在已经平衡的电桥中，调节比较臂的电阻 R_S，使电阻改变一个微小量 ΔR_S，使检流计指针离开平衡位置 Δn 格，则定义电桥灵敏度 S 为

$$S = \frac{\Delta n}{\Delta R_S / R_S} \tag{5-3-3}$$

式中，R_S 是电桥平衡时比较臂的电阻值；$\Delta R_S / R_S$ 是比较臂的相对改变量。因此，电桥灵敏度 S 表示电桥平衡时，比较臂 R_S 改变一个相对值时，检流计指针偏转的格数。S 的单位是"格"。例如，$S = 100$ 格 $= 1$ 格 $/(1/100)$，则电桥平衡后，只要 R_S 改变 1%，检流计就会有 1 格的偏转。一般来说，检流计指针偏转 $1/10$ 格时，就可以被觉察，也就是说，在这种灵敏度的电桥平衡后，R_S 只要改变 0.1%，就能够觉察出来，这样由于电桥灵敏度的限制所导致的误差就不会大于 0.1%，这也正是我们研究电桥灵敏度的目的。

电桥灵敏度与下列因素有关：

(1)与检流计的电流灵敏度 S 成正比。

(2)与电源的电动势 E 成正比。

（3）与电源的内阻 r_E 和串联的限流电阻 R_E 之和有关。

（4）与检流计的内阻和串联的限流电阻 R_G 之和有关。和值越小，电桥灵敏度 S 越高，反之则越低。

（5）与检流计和电源所接的位置有关。

【实验仪器】

本实验所用仪器有箱式电桥、电桥比较臂开关、工作电源、检流计。

QJ19 型箱式直流单双臂电桥面板结构如图 5-3-2 所示。R_1、R_2 电桥比较臂开关即量程变换器，$R\times100\ \Omega$、$\times10\ \Omega$、$\times1\ \Omega$、$\times0.1\ \Omega$、$\times0.01\ \Omega$ 为电桥比较臂（即测量盘）开关。工作电源选择为电桥内附稳压工作电源及外接电源的调节开关。检流计灵敏度调至电桥内附检流计及外接检流计的调节开关。电桥面板上还装有供接线用的接线柱和检流计通断按钮开关、检流计短路及单桥电源通断按钮开关。面板安装在密封的金属箱壳内，箱壳后部有供接通市电的插座及电源开关。

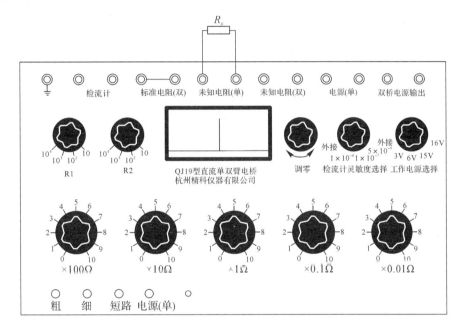

图 5-3-2　QJ19 型箱式直流单双臂电桥面板图

【实验内容与步骤】

（1）选定 3 个预估阻值不同的待测电阻 R_x，调节测量盘使检流计指零。

（2）将待测电阻接在"未知（单）"接线柱上，"标准（双）"两接线柱用短路片连接，根据电阻估计数值确定电桥倍率和比较臂数值。

（3）接通电源，指示灯亮，将工作电源开关转至 3 V。此时，内附工作电源已接通，选择电桥测量盘为被测电阻估计值（为了保证测量精度，尽量采用"$\times100\Omega$"测量盘）。按下"粗"及"电源（单）"按钮，调节测量盘使检流计指零，再按下"细"按钮，再次调节测量盘使检流计指零，电桥平衡。按式（5-3-2）算出 R_x。

（4）将工作电源开关转至 6 V、12 V，重复上述步骤，按式（5-3-2）算出 R_x。

（5）测定惠斯通电桥的灵敏度：在上述测定电阻的步骤中，当电桥达到平衡后，使比较臂电阻 R_S 改变一个微小量 ΔR_S，破坏电桥平衡，使检流计偏转 Δn 为 $3 \sim 5$ 格，根据式（5-2-3）计算电桥灵敏度 S。

【注意事项】

（1）电桥测量时，尽可能用第 I 测量盘读出被测电阻值的第一位数字，从而使测得值更为准确，并可减少电阻元件的消耗功率。

（2）"粗""细""短路""电源（单）"4 个按钮按下即可锁住，但在实际操作中尽量不要锁住，而应间歇通、断使用。单桥测试时更不能将"电源（单）"长时间锁住，以免电流长时间流过电阻，使电阻元件发热，从而影响测量准确性。

（3）当测量的灵敏度较高时，按下检流计"细"按钮，即使未接通电桥电源，也可能使指零仪偏离零位，这时应再次调零，然后再接通电桥电源进行测量。

（4）若环境湿度较低（即干燥），测量时如发生静电干扰，可将电桥接地端钮接地后再进行实验。

（5）测量时，可先将检流计灵敏度选择为较低挡，待电桥逐步平衡后，再提高检流计的灵敏度，然后再调节测量盘，使电桥平衡。这样既提高测量的准确度，又避免检流计受剧烈的冲击。

【数据记录】

实验数据记录表格可参考表 5-3-1。

表 5-3-1　不同电压下待测电阻 R_x 及灵敏度 S 的计算结果

电源电压/V	R_1/Ω	R_2/Ω	R_x/Ω	S
3				
6				
15				

实验 5.4　热敏电阻温度特性的研究

热敏电阻是对温度变化非常敏感的一种半导体电阻元件，它能测量出温度的微小变化，并且体积小，工作稳定，结构简单。因此，热敏电阻在测温技术、无线电技术、自动化和遥控等方面都有广泛的应用。按电阻随温度变化的典型特性，热敏电阻可分为负温度系数(NTC)热敏电阻、正温度系数(PTC)热敏电阻和临界温度电阻器(CTR)3 类。在某些温度范围内，PTC 和 CTR 型热敏电阻的电阻值会产生急剧变化，适用于某些狭窄温度范围内的一些特殊应用，而 NTC 热敏电阻可用于较宽温度范围的测量。

【实验目的】

(1) 研究热敏电阻的温度特性。

(2) 掌握图示法、图解法处理数据的方法。

【实验原理】

实验表明，在一定温度范围内，半导体材料的电阻率 ρ 和绝对温度 T 的关系可表示为

$$\rho = a_0 e^{b/T}$$

式中，a_0、b 为常数，仅与材料的物理性质有关。

由欧姆定律可得热敏电阻的阻值为

$$R_T = \rho \frac{L}{S} = a_0 e^{b/T} \frac{L}{S} = a e^{b/T} \tag{5-4-1}$$

式中，$a = a_0 \dfrac{L}{S}$，S、L 分别为热敏电阻的横截面积和电极间的距离。

对上式取对数有

$$\ln R_T = \ln a + \frac{b}{T} \tag{5-4-2}$$

与 $Y = A + BX$（线性变化关系）进行比较，可得

$$Y = \ln R_T,\ A = \ln a,\ B = b,\ X = 1/T$$

改变被测样品的温度，分别测出不同的温度 T 以及对应的 R_T 值，重复 $6 \sim 8$ 次。根据实验数据分别作出 R_T-T 关系图和 Y-X 关系图，若 Y-X 关系图为直线，则证明了 R_T-T 理论关系的正确性，并可以用图解法求出相应的参量 A、B。

【实验仪器】

本实验所用仪器有 YJ-RZ-4A 数字智能化热学综合实验仪、热敏电阻。热敏电阻测量实验装置示意图如图 5 - 4 - 1 所示。

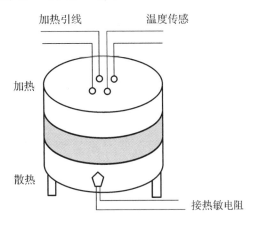

图 5 - 4 - 1　热敏电阻测量实验装置示意图

【实验内容与步骤】

（1）安装好实验装置，连接好电缆线，打开电源开关。

（2）将"测量选择"开关按到"上盘"挡，顺时针方向将"温度粗选"和"温度细选"按钮调节到底，打开加热开关，加热指示灯发亮（加热状态），同时观察恒温加热盘的温度变化。当恒温加热盘温度即将达到所需温度（如 50.0 ℃）时，逆时针调节"温度粗选"和"温度细选"按钮，使指示灯闪烁（恒温状态），仔细调节"温度细选"使恒温加热器温度恒定在所需温度（如 50.0 ℃）。待温度稳定在所需温度（如 50 ℃）时，将热敏电阻插入恒温腔中，引线接入数字多用表，测出该温度时 Pt100 的电阻值。

（3）重复以上步骤，选定温度为 60 ℃、70 ℃、80 ℃、90 ℃、100 ℃，测出热敏电阻在上述温度点时的电阻值。

（4）根据上述实验数据，分别绘出 R_T-T 曲线和 Y-X 曲线，并计算相关参数 A、B。

【注意事项】

（1）供电电源插座必须良好接地。

（2）在整个电路连接好之后才能打开电源开关。

（3）严禁带电插拔电缆插头。

（4）要在热敏电阻允许范围内多次测量，从而利用图解法或最小二乘法求出相关参数。

【分析思考】

（1）热敏电阻的分类及特性是什么？

（2）调研热敏电阻在生产生活中的具体应用。

【数据记录】

实验数据记录表格参考表格 5-4-1。

表 5-4-1　不同的温度 T 以及对应的 R_T 值

序号	$t/℃$	T/K	T_T/Ω	$X/10^{-3}$	Y
1					
2					
3					
4					
5					
6					

实验 5.5　霍尔效应

霍尔效应是磁电效应的一种,这一现象是霍尔(A. H. Hall,1855—1938 年)于 1879 年在研究金属的导电机制时发现的。后来发现半导体、导电流体等也有这种效应,而半导体的霍尔效应比金属强得多,利用这现象制成的各种霍尔元件,广泛地应用于工业自动化技术、检测技术及信息处理等方面。霍尔效应是研究半导体材料性能的基本方法。通过霍尔效应实验测定的霍尔系数,能够判断半导体材料的导电类型、载流子浓度及载流子迁移率等重要参数。流体中的霍尔效应是研究"磁流体发电"的理论基础。长时期以来,霍尔效应是在室温和中等强度磁场条件下进行实验的。1980 年,德国物理学家克利青(Klaus von Klitzing)发现在低温条件下半导体硅的霍尔效应不是常规的直线,而是随着磁场强度呈跳跃性的变化,这种跳跃的阶梯大小由被整数除的基本物理常数所决定——这在后来被称为整数量子霍尔效应。由于这一发现,克利青在 1985 年获得诺贝尔物理奖。

【实验目的】

(1) 观察霍尔效应实验中的现象。
(2) 在恒定直流磁场中测砷化镓霍尔元件的霍尔电压与霍尔电流的关系。
(3) 霍尔电流恒定时测砷化镓霍尔元件在直流磁场下的灵敏度。
(4) 学会用"对称测量法"消除副效应所产生的系统误差。

【实验原理】

1. 霍尔效应原理

霍尔效应原理图如图 5-5-1 所示。当电流 I_H 通过霍尔元件(假设为 P 型)时,空穴有一定的漂移速度 v,垂直磁场对运动电荷产生洛伦兹力 $f_B = qv \times B$,此力使电荷产生横向偏转,这些偏转的载流子在霍尔元件的边界积累,产生一个横向的电场 F,直到电荷在元件中流动将不再偏转时,霍尔电势差便在这个电场中形成了。如果是 N 型样品,则横向电场与前面相反,可据此判断霍尔元件的导电类型。

设 P 型样品的载流子浓度为 n,宽度为 b,厚度为 d,由通过样品的电流 $I_H = nqvbd$,可

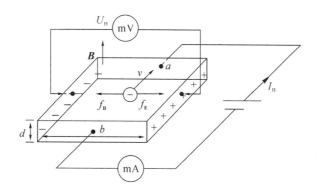

图 5-5-1　霍尔效应原理图

得空穴的速度 $v = \dfrac{I_H}{nqbd}$，所以

$$E = vB = \frac{I_H B}{nqbd}$$

则霍尔电压

$$U_H = Eb = \frac{I_H B}{nqd} = R_H \frac{I_H B}{d} = K_H I_H B$$

式中，$R_H = \dfrac{1}{nq}$ 称为霍尔系数，$K_H = \dfrac{R_H}{d} = \dfrac{1}{nqd}$ 称为霍尔元件的灵敏度。一般要求 K_H 越大越好。因为半导体内载流子浓度远比金属内载流子浓度小，所以都用半导体材料作为霍尔元件，而且霍尔元件都做得很薄，一般只有 $0.2\,mm$ 厚。

2. 实验中副效应及其消除方法

在实际的数据测量中，还会伴随一些热磁副效应，使所测得的电压不只是 U_H，而是 U_H 与各副效应的叠加值，因此必须设法消除。

这些热磁效应有：

（1）在霍尔片两端由温度差产生的温差电动势 U_E。它与霍尔电流 I_H 及磁场 $\boldsymbol{B}$ 的方向有关。

（2）能斯特效应产生的附加电压 U_N。由于输入电流两端的焊接点处电阻不相等，通电后发热程度不同，并因温度差而产生电流，热电流通过霍尔片在其两侧会有电动势 U_N 产生，U_N 的正负只与磁场 $\boldsymbol{B}$ 的方向有关，与电流 I_H 方向无关，因此可通过改变磁场的方向来消除。

（3）里吉-勒迪克效应产生的附加电压 U_R。当热电流通过霍尔片时两侧又会有温度差产生，从而产生温差电动势 U_R，它的正负只与磁场 $\boldsymbol{B}$ 的方向有关，与电流 I_H 方向无关，因此可以通过改变磁场的方向来消除。

（4）不等势电压降 U_0。不等势电压降 U_0 是由于两侧的电极不在同一等势面上而产生的，其方向随电流 I_H 的方向改变，因此可以通过改变电流的方向予以消除。

为了消除这些副效应的影响，在实验操作时需要分别改变 I_H 和 $\boldsymbol{B}$ 的方向（I_H 向左为正，I_H 向上为正），记下 4 组电势差数据：

当 I_H 正向，$\boldsymbol{B}$ 正向时：$U_1 = U_H + U_0 + U_E + U_N + U_R$

当 I_H 负向，$\boldsymbol{B}$ 正向时：$U_2 = -U_H - U_0 - U_E + U_N + U_R$

当 I_H 负向，$\boldsymbol{B}$ 负向时：$U_3 = U_H - U_0 + U_E - U_N - U_R$

当 I_H 正向，$\boldsymbol{B}$ 负向时：$U_4 = -U_H + U_0 - U_E - U_N - U_R$

由此可得

$$\frac{1}{4}(U_1 - U_2 + U_3 - U_4) = U_H + U_E$$

由于 U_E 方向始终与 U_H 相同，所以换向法不能消除它，但 $U_E \ll U_H$（U_E 远远小于 U_H），几乎可以忽略，所以有

$$U_H = \frac{1}{4}(U_1 - U_2 + U_3 - U_4)$$

其方向取决于霍尔元件是 P 型还是 N 型。

【实验仪器】

本实验所用 FD-HL-B 型霍尔效应实验仪主要由直流电源、数字电压表、电磁铁、毫特计以及砷化镓霍尔元件组成，实验连接图如图 5-5-2 所示。

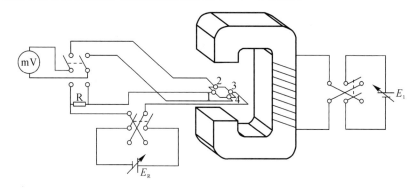

图 5-5-2　电路连接示意图

【实验内容与步骤】

1. 测量霍尔电流 I_H 与霍尔电压 U_H 的关系

（1）按图 5-5-2 接好电路图，霍尔元件的 1、3 脚接工作电压，2、4 脚接霍尔电压。调节磁感应强度至一适当值（100 mT～180 mT）。

（2）调节霍尔元件的工作电流（根据 100 Ω 取样电阻两端的电压 U_R 来计算）。

（3）在不同霍尔电流下测量相应的霍尔电压，每次消除副效应。

（4）作 U_H-I_H 图线（注意特斯拉计的调零）。

（也可以由图线求出霍尔元件的灵敏度 $U_H = K_H I_H B$）

2. 测量砷化镓霍尔元件的灵敏度 K_H

（1）霍尔电流 I_H 保持在 1.000 mA，由 1、3 端输入。

（2）在不同强度的磁感应强度下测量样品霍尔元件的霍尔电压 U_H，每次消除副效应。

（3）由 $U_H = K_H I_H B$ 算出霍尔元件的灵敏度。

【注意事项】

（1）注意电路连接，不要将线路接错。

（2）实验前实验仪器要预热 3 分钟。

（3）避免携带能产生磁场的物品。

【分析思考】

（1）实验中产生误差的原因有哪些？

（2）作 U_H-I_H 图线，如何分析数据，才可得到极好的线性关系？

【数据记录】

实验数据记录表格可参考表 5-5-1 和表 5-5-2。

表 5 - 5 - 1　当磁感应强度一定时，霍尔电流与霍尔电压的对应关系

U_R/mV	I_H/mA	U_1/mV	U_2/mV	U_3/mV	U_4/mV	U_H/mV
20	0.2					
40	0.4					
60	0.6					
80	0.8					
100	1.0					
120	1.2					
140	1.4					
160	1.6					
180	1.8					

表 5 - 5 - 2　当霍尔电流一定时，磁感应强度与霍尔电压的对应关系

B/mT	U_1/mV	U_2/mV	U_3/mV	U_4/mV	U_H/mV
100					
110					
120					
130					
140					
150					
160					
170					
180					
190					

实验 5.6 螺线管磁场测定实验

随着科学技术的发展，由高电子迁移率的半导体制成的霍尔传感器已广泛应用于磁场测量，它测量灵敏度高，体积小，易于在磁场中移动和定位。本实验用集成霍尔传感器测量通电长直螺线管内直流电流与霍尔传感器输出电压之间的关系，从而证明霍尔电势差与螺线管内磁感应强度成正比；用通电长直螺线管中心点磁感应强度理论计算值作为标准值来校准集成霍尔传感器的灵敏度；用该集成霍尔传感器测量通电螺线管内的磁感应强度与位置之间的关系，并了解集成霍耳传感器的组成和特性，使读者熟悉集成霍尔传感器的应用。

【实验目的】

（1）验证霍尔传感器输出电势差与螺线管内磁感应强度成正比。

（2）测量集成线性霍尔传感器的灵敏度。

（3）测量螺线管内磁感应强度与位置之间的关系，求得螺线管均匀磁场范围及边缘的磁感应强度。

（4）学习补偿原理在磁场测量中的应用。

【实验原理】

霍尔效应原理图如实验 5.5 中图 5-5-1 所示。若电流 I_H 流过厚度为 d 的半导体薄片，且磁场 $\boldsymbol{B}$ 垂直于该半导体，使电子流方向由洛伦兹力作用而发生改变，在薄片两个横向面 a、b 之间应产生电势差，这种现象称为霍尔效应。在与电流 I、磁场 $\boldsymbol{B}$ 垂直方向上产生的电势差称为霍尔电势差，通常用 U_H 表示。霍尔效应的数学表达式

$$U_H = \left(\frac{R_H}{d}\right)IB = K_H IB \qquad (5-6-1)$$

式中，R_H 是由半导体本身电子迁移率决定的物理常数，称为霍尔系数；B 为磁感应强度；I 为流过霍尔元件的电流强度；K_H 称为霍尔元件灵敏度。

虽然从理论上讲霍尔元件在无磁场作用（即 $B=0$）时，$U_H=0$，但是实际情况中用数字电压表测量时并不为零，这是由半导体材料结晶不均匀及各电极不对称等引起附加电势差所导致的，该电势差 U_0 称为剩余电压。

本实验采用的 SS95A 型集成霍尔传感器（内部结构示意图如图 5-6-1 所示）是一种高灵敏度集成霍尔传感器，它由霍尔元件、放大器和薄膜电阻剩余电压补偿器组成。测量时输出信号值较大，剩余电压的影响已被消除。SS95A 型集成霍尔传感器有三根引线，分别是"U_+""U_-""U_{out}"。其中"U_+"和"U_-"构成"电流输入端"，"U_{out}"和"U_-"构成"电压输出端"。由于 SS95A 型集成霍尔传感器的工作电流已设定，因此被称为标准工作电流。使用传感器时，必须使工作电流处在该标准状态。在实验时，只要在磁感应强度为零（零磁场）的条件下，调节"U_+""U_-"所接的电源电压（装置上有一调节旋钮可供调节），使输出电压为 2.500 V（在数字电压表上显示），则传感器就可处在标准工作状态之下。

当螺线管内有磁场且集成霍尔传感器在标准电流工作时，与式（5-6-1）相似，有

$$B = \frac{(U-2.500)}{K} = \frac{U'}{K} \qquad (5-6-2)$$

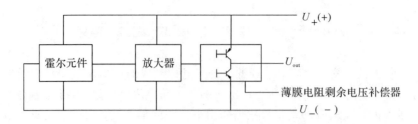

图 5-6-1　SS95A 型集成霍尔传感器内部结构示意图

式中，U 为集成霍尔传感器的输出电压；K 为该传感器的灵敏度；U' 为经用 2.500 V 外接电压补偿以后，用数字电压表测出的传感器电压输出值（仪器用 mV 挡读数）。

【实验仪器】

本实验所用 FD-ICH-Ⅱ 新型螺线管磁场测定仪由集成霍尔传感器探测棒、螺线管、直流稳压电源、数字电压表组成，仪器连线面板结构图如图 5-6-2 所示。

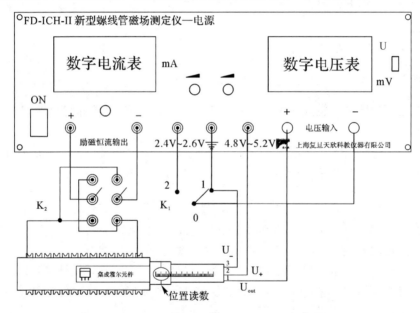

图 5-6-2　新型螺线管磁场测定仪连线面板结构图

【实验内容与步骤】

1. 实验接线

实验接线如图 5-6-2 所示。左面数字直流稳流源的"励磁恒流输出"端接电流换向开关，然后接螺线管的线圈接线柱。右面稳压电源 4.8 V～5.2 V 的输出接线柱（红）接霍尔元件的 U_+（即引脚 2—红色导线），直流稳压电源的接线柱（黑）接霍尔元件的 U_-（即引脚 3—黑色导线），霍尔元件的 U_{out}（引脚 1—黄色导线）接右边电压表"电压输入"的 ＋（红）接线柱，电压表的 －（黑）接线柱与直流稳压源的（黑）接线相连。电压表切换到 V 挡（即拨动开关向上拨）。

2. 调节 K_1 至 1

检查接线无误后接通电源，断开电流换向开关，使 K_1 指向 1，集成霍尔传感器放在螺线管的中间位置（$X=17.0$ cm 处），调节中间直流电源 4.8 V～5.2 V 的输出旋钮，使右边数字电压表显示 2.500 V，这时集成霍尔元件便达到了标准化工作状态，即集成霍尔传感器通过电流达到规定的数值，且剩余电压恰好达到补偿，即 $U_0=0$ V。

3. 调节 K_1 至 2

仍断开开关 K_2，在保持"U_+"和"U_-"电压不变的情况下，使 K_1 指向 2，调节 2.4 V～2.6 V 电源输出电压，使数字电压表指示值为 0（这时应将数字电压表量程拨动开关指向 mV 挡），也就是用一外接 2.500 V 的电位差与传感器输出 2.500 V 电位差进行补偿，这样就可直接用数字电压表读出集成霍尔传感器电势差的值 U'。

4. 测定霍尔传感器的灵敏度 K

（1）改变输入螺线管的直流电流 I_m，将传感器放置于螺线管的中央位置（即 $X=17.0$ cm），测量 U'-I_m 关系，记录 10 组数据，I_m 范围在 0～500 mA，可每隔 50 mA 测一次。

（2）用最小二乘法求出 U'-I_m 关系、直线的斜率 $K'=\dfrac{\Delta U'}{\Delta I_m}$ 和相关系数。

（3）对于无限长直螺线管磁场，可利用公式 $B=\mu_0 n I_m$（μ_0 为真空磁导率，n 为螺线管单位长度的匝数）求出集成霍尔传感器的灵敏度为 $K=\dfrac{\Delta U'}{\Delta B}$。

注意：实验中所用螺线管参数如下：

螺线管长度 $L=(260\pm 1)$ mm，$N=(3000\pm 20)$ 匝，平均直径 $\overline{D}=(35\pm 1)$ mm，而真空磁导率 $\mu_0=4\pi\times 10^{-7}$ H/m。由于螺线管为有限长，由此必须用公式 $B=\mu_0\dfrac{N}{\sqrt{L^2+\overline{D}^2}}I_m$ 进行计算，即

$$K=\frac{\Delta U'}{\Delta B}=\frac{\sqrt{L^2+\overline{D}^2}}{\mu_0 N}\frac{\Delta U'}{\Delta I_m}=\frac{\sqrt{L^2+\overline{D}^2}}{\mu_0 N}K' \qquad （单位：伏／特斯拉，即 V/T）$$

5. 测量通电螺线管中的磁场分布

（1）当螺线管通恒定电流 I_m（例如 250 mA）时，测量 U'-X 关系。X 范围为 0～30.0 cm，两端的测量数据点应比中心位置的测量数据点密一些。

（2）利用上面所得的传感器灵敏度 K 计算 B-X 关系，并作出 B-X 分布图。

（3）计算并在图上标出均匀区的磁感应强度 $\overline{B}_0'$ 及均匀区范围（包括位置与长度），理论值 $B_0=\mu_0\dfrac{N}{\sqrt{L^2+\overline{D}^2}}I_m$，假定磁场变化小于 1% 的范围为均匀区，则有

$$\frac{|B_0-B_0'|}{B_0}\times 100\% \leqslant 1\%$$

（4）已知螺线管长度 $L=26.0$ cm，在图上标出螺线管边界的位置坐标（即 P 与 P' 点，一般认为在边界点处的磁场是中心位置的一半，即 $B_P=B_{P'}=\dfrac{1}{2}\overline{B}_0'$）。验证 P 与 P' 的间距

约 26.0 cm。

【注意事项】

(1) 测量 $U'-I_m$ 时，传感器位于螺线管中央(即均匀磁场中)。

(2) 测量 $U'-X$ 时，螺线管通电电流 I_m 应保持不变。

(3) 当 $I_m=0$ 时，确保传感器输出电压为 2.500 V。

(4) 用 mV 档读 U' 值。当 $I_m=0$ 时，mV 指示应该为 0。

(5) 实验完毕后，需逆时针地旋转仪器上的 3 个调节旋钮，使恢复到起始位置(最小的位置)。

【分析思考】

(1) 霍尔传感器在科研中有何用途?

(2) 如果螺线管在绕制中两边单位长度的匝数不相同或绕制不均匀，这时将出现什么情况?

(3) 要提高霍尔传感器的灵敏度，应采用什么措施?

(4) SS95A 型集成霍尔传感器为何工作电流必须标准化?如果该传感器工作电流变大时，那么对其灵敏度有何影响?

【数据记录】

实验数据记录表格可参考表 5-6-1 和表 5-6-2。

表 5-6-1　测量霍尔电势差(已放大为 U)与螺线管通电电流 I_m 关系

I_m/mA	0	50	100	150	200	250	300	350	400	450	500
U/mV											

表 5-6-2　螺线管内磁感应强度 B 与位置刻度 X 的关系

X/cm	U_1'/mV	U_2'/mV	U'/mV	B/mT
1.00				
1.50				
2.00				
2.50				
3.00				
3.50				
4.00				
4.50				

续表

X/cm	U_1'/mV	U_2'/mV	U'/mV	B/mT
5.00				
5.50				
6.00				
6.50				
7.00				
7.50				
8.00				
9.00				
10.00				
11.00				
12.00				
13.00				
14.00				
15.00				
16.00				
17.00				
18.00				
19.00				
20.00				
21.00				
22.00				
23.00				

注：已知 $B=U'/K$，U_1' 为螺线管通正向直流电流时测得集成霍尔传感器输出电压。U_2' 为螺线管通反向直流电流时测得的集成霍尔传感器输出电压。U' 为 $(U_1'-U_2')/2$ 的值，测量正、反两次不同电流方向所产生磁感应强度值取平均值，可消除地磁场影响。

实验 5.7　磁阻传感器与地磁场的测定

　　磁场作为一种天然磁源，在地球物理、军事、工业、医学、探矿等科研中也有着重要用途。我们往往需要准确地知道地磁场的大小和方向。但是地磁场的数值比较小，约 10^{-5} T 量级，而且在地球上不同的地方，其大小和方向也有所不同，这就给精准测量带来了难度。磁阻传感器体积小，灵敏度高、易安装，因而在弱磁场测量方面有广泛的应用前景，其应用领域包括磁场传感器和磁力计、电子罗盘、线性和角位置传感器、车辆探测、GPS 导航等。在信息技术中，它也广泛应用于测卡感应等信号检测方面。本实验采用新型坡莫合金磁阻传感器测定地磁场磁感应强度的水平分量、测量地磁场的磁倾角，从而掌握磁阻传感器的特性及测量地磁场的一种重要方法。

【实验目的】

（1）熟悉和了解各向异性磁阻传感器的原理。
（2）测量磁阻传感器的灵敏度。
（3）测量地磁场磁场强度。

【实验原理】

1. 地磁场

　　地球本身具有磁性，所以地球和近地空间之间存在着磁场，叫作地磁场。地磁场的强度和方向因地点（甚至因时间）而异。地磁场的北极、南极分别在地理南极、北极附近，彼此并不重合，如图 5-7-1(a)所示，而且两者间的偏差随时间不断地在缓慢变化。地磁轴与地球自转轴并不重合，有 11°的交角。

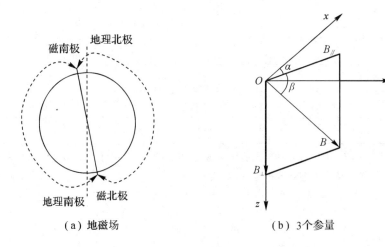

（a）地磁场　　　　　　　　（b）3个参量

图 5-7-1　地磁场及其三个参量

　　在一个不太大的范围内，地磁场基本上是均匀的，可用 3 个参量来表示地磁场的方向和大小，如图 5-7-1(b)所示。

　　（1）磁偏角 α：地球表面任一点的地磁场矢量所在垂直平面（图 5-7-1 中 $B_{/\!/}$ 与 z 构成

的平面,称地磁子午面),与地理子午面(图 5 - 7 - 1 中 x、z 构成的平面)之间的夹角。

(2) 磁倾角 β:磁场强度矢量 $\boldsymbol{B}$ 与水平面(即图 5 - 7 - 1 的矢量 $\boldsymbol{B}$ 和 OX 与 OY 构成平面的夹角)之间的夹角。

(3) 水平分量 $\boldsymbol{B}_{/\!/}$,地磁场矢量 $\boldsymbol{B}$ 在水平面上的投影。

测量地磁场的这 3 个参量,就可确定某一地点地磁场 $\boldsymbol{B}$ 矢量的方向和大小。当然这 3 个参量的数值随时间不断地在改变,但这一变化极其缓慢,极为微弱。

2. 磁阻传感器

物质在磁场中电阻率发生变化的现象称为磁阻效应。对于铁、钴、镍及其合金等磁性金属,当外加磁场平行于磁体内部磁化方向时,电阻几乎不随外加磁场变化;当外加磁场偏离金属的内部磁化方向时,此类金属的电阻减小,这就是强磁金属的各向异性磁阻效应。

HMC1021Z 型磁阻传感器是由长而薄的薄膜合金(铁镍合金)制成的一维磁阻微电路集成芯片(二维和三维磁阻传感器可以测量二维或三维磁场)组成的。它利用通常的半导体工艺,将铁镍合金薄膜附着在硅片上,如图 5 - 7 - 2 所示。薄膜的电阻率 $\rho(\theta)$ 依赖于磁化

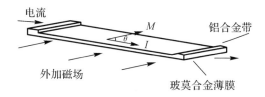

图 5 - 7 - 2　磁阻传感器的构造示意图

强度 M 和电流 I 方向间的夹角 θ,具有以下关系式

$$\rho(\theta) = \rho_{\perp} + (\rho_{/\!/} - \rho_{\perp}) \cos^2 \theta \qquad (5 - 7 - 1)$$

式中,$\rho_{/\!/}$、$\rho_{\perp}$ 分别是电流 I 平行于 M 和垂直于 M 时的电阻率。当沿着铁镍合金带的长度方向通以一定的直流电流,而垂直于电流方向施加一个外界磁场时,合金带自身的阻值会生较大的变化,利用合金带阻值这一变化,可以测量磁场大小和方向。同时制作时还在硅片上设计了两条铝制电流带,一条是置位与复位带,该传感器遇到强磁场感应时,将产生磁畴饱和现象,也可以用来置位或复位极性;另一条是偏置磁场带,用于产生一个偏置磁场,补偿环境磁场中的弱磁场部分(当外加磁场较弱时,磁阻相对变化值与磁感应强度成平方关系),使磁阻传感器输出显示线性关系。

HMC1021Z 磁阻传感器是一种单边封装的磁场传感器,它能测量与管脚平行方向的磁场。该传感器由四条铁镍合金磁电阻组成一个非平衡电桥,非平衡电桥输出部分接集成运算放大器,将信号放大输出。传感器内的惠斯通电桥如图 5 - 7 - 3 所示。与适当配置的 4 个磁电阻电流方向不相同,当存在外界磁场时,引起电阻值变化有增有减。因而输出电压 U_{out} 可以用下式表示为

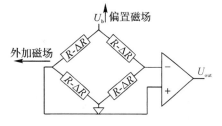

图 5 - 7 - 3　磁阻传感器内的惠斯通电桥

$$U_{\mathrm{out}} = \left(\frac{\Delta R}{R}\right) \times U_{\mathrm{b}} \qquad (5 - 7 - 2)$$

对于一定的工作电压，如 $U_b=5.00$ V，HMC1021Z 磁阻传感器输出电压 U_{out} 与外界磁场的磁感应强度成正比关系，可表示为

$$U_{out}=U_0+KB \tag{5-7-3}$$

式中，K 为传感器的灵敏度；B 为待测磁感应强度；U_0 为外加磁场为零时传感器的输出量。

由于亥姆霍兹磁线圈的特点是能在其轴线中心点附近产生较宽范围的均匀磁场区，所以常用作弱磁场的标准磁场。亥姆霍兹磁线圈公共轴线中心点位置的磁感应强度为

$$B=\frac{\mu_0 NI}{R}\frac{8}{5^{3/2}} \tag{5-7-4}$$

式中，N 为线圈匝数；I 为线圈流过的电流强度；R 为亥姆霍兹磁线圈的平均半径；μ_0 为真空磁导率。

【实验仪器】

如图 5-7-4 所示为 FD-HMC-C 磁阻传感器与地磁场实验仪示意图。1 为数字电压表，2 为恒流电流源，3 为亥姆霍兹线圈，4 为磁阻传感器，5 为小转盘用于测量地磁场的磁倾角，6 为大转盘用于确定磁场水平分量的方向。

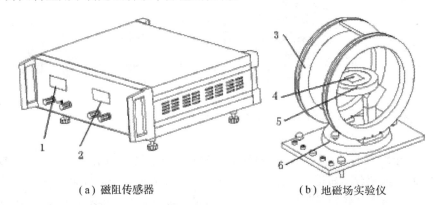

（a）磁阻传感器　　　　　　　　（b）地磁场实验仪

图 5-7-4　FD-HMC-C 磁阻传感器与地磁场实验仪

仪器技术要求

1. 磁阻传感器　　　　　　工作电压 6 V，灵敏度 50 V/T
2. 亥姆霍兹线圈　　　　　单只线圈匝数为 500 匝，半径 10 cm
3. 直流恒流源　　　　　　输出电流 0～200 mA，连续可调
4. 三位半直流电压表　　　量程 0～19.99 mV，分辨率 0.01 mV
5. 测量地磁场水平分量　　不确定度小于 3%
6. 测量磁倾角　　　　　　不确定度小于 3%
7. 仪器的工作电压　　　　AC 220±10V

亥姆霍兹线圈每个线圈匝数 $N=500$，线圈的半径 $r=10$ cm；真空磁导率 $\mu_0=4\pi\times10^{-7}$ N/A^2。

亥姆霍兹线圈轴线上中心位置的磁感应强度为（两个线圈串联）

$$B=\frac{8\mu_0 NI}{R5^{3/2}}=\frac{8\times4\pi\times10^{-7}\times500}{0.100\times5^{3/2}}\times I=44.96\times10^{-4}I$$

式中，B 为磁感应强度，单位为 T（特斯拉）；I 为通过线圈的电流，单位为 A（安培）。

【实验内容与步骤】

1. 测量传感器的灵敏度

将磁阻传感器放置在亥姆霍兹线圈公共轴线中点，并使管脚和磁感应强度方向平行，即传感器的感应面与亥姆霍兹磁线圈轴线垂直。用亥姆霍兹磁线圈产生磁场作为已知量，测量磁阻传感器的灵敏度 K。

2. 测量地磁场的水平分量

将磁阻传感器平行固定在转盘上，调整转盘至水平（可用水准器指示）。水平旋转转盘，找到传感器输出电压最大方向，这个方向就是地磁场磁感应强度的水平分量 $B_{/\!/}$ 的方向。记录此时传感器输出电压 U_1 后，再旋转转盘，记录传感器输出最小电压 U_2，由 $|U_1 - U_2|/2 = KB_{/\!/}$，求得当地地磁场水平分量 $B_{/\!/}$。方法如下：

(1) 将亥姆霍兹线圈与直流电源的连接线拆去。

(2) 把转盘刻度调节到角度 $\theta = 0°$。

(3) 调节底板使磁阻传感器输出最大电压，同时调节底板上螺丝使转盘水平。

(4) 测地磁场水平分量。测量输出电压 $U_{/\!/}$ 并反向转180°，测地磁场水平分量 $U'_{/\!/}$，然后计算地磁场水平分量 $B_{/\!/} = \overline{U}_{/\!/}/K = (U_{/\!/} - U'_{/\!/})/2K$。

3. 测量磁场倾角

转动小转盘使管脚和磁感应强度方向平行，即传感器的感应面与亥姆霍兹磁线圈轴线垂直。随后转动底盘，使得测量方向为 $B_{/\!/}$ 的方向，将小转盘转为竖直方向。转动调节转盘，分别记下传感器输出最大和最小时转盘指示值和水平面之间的夹角 β_1 和 β_2，同时记录此最大读数 U'_1 和 U'_2。由磁倾角 $\beta = (\beta_1 + \beta_2)/2$ 计算 β 的值。

4. 计算磁感应强度 B

由 $|U'_1 - U'_2|/2 = KB$，计算地磁场磁感应强度 B 的值，并计算地磁场的垂直分量 $B_{\perp} = B\sin\beta$。

【注意事项】

(1) 测量地磁场水平分量，须将转盘调节至水平；测量地磁场 $U_{总}$ 和磁倾角 β 时，须将转盘面处于地磁子午面方向。

(2) 传感器输出电压为 $U_{总}$，当测量磁倾角为 β 时，应取 10 组 β 值，求其平均值。这是因为测量时，当偏差为 1° 时，$U'_{总} = U_{总}\cos1° = 0.998U_{总}$，变化很小；当偏差为 4° 时，$U''_{总} = U_{总}\cos4° = 0.998U_{总}$，所以偏差在 1° 至 4° 范围内 $U_{总}$ 变化极小，实验时应测出 $U_{总}$ 变化很小 β 角的范围，然后求得平均值 $\overline{\beta}$。

【分析思考】

(1) 磁阻传感器和霍尔传感器在工作原理和使用方法方面各有什么特点和区别？

(2) 如果在测量地磁场时，在磁阻传感器周围较近处，放一个铁钉，对测量结果将产生什么影响？

（3）为何坡莫合金磁阻传感器遇到较强磁场时，其灵敏度会降低？用什么方法来恢复其原来的灵敏度？

【数据记录】

实验数据记录表格可参考表 5-7-1 和表 5-7-2。

表 5-7-1　传感器灵敏度测量

励磁电流 I/mA	磁感应强度 B/10^{-4}T	U/mV		平均 $\|U\|$ /mV
		正向 U_1/mV	反向 U_2/mV	
10.00				
20.00				
30.00				
40.00				
50.00				
60.00				

记录传感器输出最大和最小时转盘指示值和水平面之间的夹角 β_1 和 β_2。

表 5-7-2　地磁场测量

电压 序号		1	2	3	4	5	平均值	结果	
$U_总$	U_1/mV							$\|\overline{U_总}\|=$　mV	$B=$　T
	U_2/mV								
U	U_1'/mV							$\|\overline{U_{/\!/}}\|=$　mV	$B_{/\!/}=$　T

实验 5.8　磁性材料磁滞回线和磁化曲线的测定

磁性材料的磁滞回线和磁化曲线表征了磁性材料的基本特性。工业、交通、通讯、电器等领域大量应用各种特性的铁磁材料。本实验用以霍尔元件为传感器的高精度数字特斯拉计测量绕有一组线圈的环形磁路极窄间隙中均匀磁场区的磁感应强度，观察磁性材料的磁滞现象，精确测量材料的磁滞回线和磁化曲线。

【实验目的】

(1) 掌握待测磁性样品的退磁方法，测量样品的起始磁化曲线。

(2) 在待测样品达到磁饱和时，进行磁锻炼，测量材料的磁滞回线。

【实验原理】

1. 铁磁物质的磁滞现象

铁磁性物质的磁化过程很复杂，这主要是因为它具有磁性。一般都是通过测量磁化场的磁场强度 H 和磁感应强度 B 之间的关系来研究其磁化规律的。

如图 $5-8-1$ 所示，当铁磁物质中不存在磁化场时，H 和 B 均为零，在 $B-H$ 图中则相当于坐标原点 O。随着磁化场 H 的增加，B 也随之增加，但两者之间不是线性关系。当 H 增加到一定值时，B 不再增加或增得十分缓慢时，这说明该物质的磁化已达到饱和状态。H_m 和 B_m 分别为饱和时的磁场强度和磁感应强度（对应于图中 A 点）。如果再使 H 逐步退到零，则与此同时 B 也逐渐减小。然而，其轨迹并不沿原曲线 AO，而是沿另一曲线 AR 下降到 B_r，这说明当 H 下降为零时，铁磁物质中仍保留一定的磁性。将磁化场反向，再逐渐增加其强度，直到 $H = -H'_m$，这时曲线达到 A' 点（即反向饱和点），然后，先使磁化场退回到 $H = 0$；再使正向磁化场逐渐增大，直到达到饱和值 H_m 为止。如此就得到一条

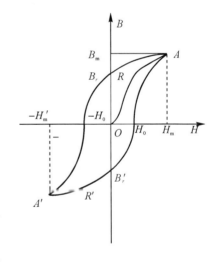

图 $5-8-1$　磁滞回线和磁化曲线

与 ARA' 对称的曲线 $A'R'A$，而自 A 点出发又回到 A 点的轨迹为一条闭合曲线，称为铁磁物质的磁滞回线，属于饱和磁滞回线。其中，回线和 H 轴的交点 H_0 和 H'_0 称为矫顽力，回线与 B 轴的交点 B_r 和 B'_r，称为剩余磁感应强度。

2. 磁化曲线和磁滞回线的测量

在待测的铁磁材料样品上绕一组磁化线圈，环形样品的磁路中开一极窄均匀气隙，气隙应尽可能小。磁化线圈中，在对磁化电流最大值 I_m 磁锻炼的基础上，对应的每个磁化电流 I_k 值，用数字式特斯拉计，测量气隙均匀磁场区中间部位的磁感应强度 B，得到该磁性材料的磁滞回线。如图 $5-8-2$ 中的 $ARA'R'A$，组成的曲线为磁滞回线，OA 曲线为材料

的初始磁化曲线。对于一定大小的回线,磁化电流最大值设为 I_m,对于每个不同的 I_k 值,使样品反复磁化,可以得到一簇磁滞回线,如图 5-8-2 所示。把每个磁滞回线的顶点以及坐标原点 O 连接起来,得到的曲线称基本磁化曲线。测量磁化曲线和磁滞回线要求如下:

(1) 测量初始磁化曲线或基本磁化曲线都必须由原始状态 $H=0$,$B=0$ 开始,因此测量前必须对待测量样品进行退磁,以消除剩磁。

(2) 为了得到一个对称而稳定的磁滞回线,必须对样品进行反复磁化,即"磁锻炼"。这可以采取保持最大磁化电流大小不变,利用电路中的换向开关使电流方向不断改变的方法。在环形样品的磁化线圈中通过的电流为 I,则磁化场的磁场强度 H 为

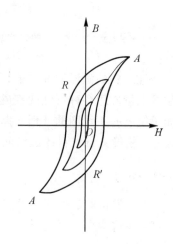

图 5-8-2　基本磁化曲线

$$H = \frac{N}{l} I \qquad (5-8-1)$$

式中,N 为磁化线圈的匝数;$\bar{l}$ 为样品平均磁路长度;H 的单位为 A/m。

为了从间隙中间部位测得样品的磁感应强度 B 值,根据一般经验,截面方形样品的长和宽的线度应大于或等于间隙宽度 8~10 倍,且铁芯的平均磁路长度 $\bar{l}$ 远大于间隙宽度 l_g,这样才能保证间隙中有一个较大区域的磁场是均匀的,测到的磁感应强度 B 的值,才能真正代表样品中磁场在中间部位的实际值。

【实验仪器】

本实验仪器如图 5-8-3 所示,称作磁滞回线和磁化曲线测量装置。它由直流稳流电源、数字式特斯拉仪(以霍尔传感器为探测器,并有螺旋装置)、待测环形磁性材料(上面绕有 2000 匝线圈,样品的截面为 2.00 cm×2.00 cm,间隙为 0.2 cm)、换向开关等组成。

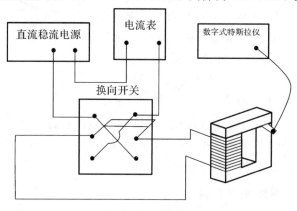

图 5-8-3　磁滞回线和磁化曲线测量装置

【实验内容与步骤】

(1) 用数字式特斯拉仪测量样品模具钢间隙中剩磁的磁感应强度 B 与位置 X 的关系,

求得间隙中磁感应强度 B 的均匀区范围 ΔX 的值（霍尔传感器应该放在测出的均匀区的中央）。

（2）测量样品的起始磁化曲线，测量前先对样品进行退磁处理。使磁化电流不断反向，且幅值由最大值逐渐减小至 0，最终使样品的剩磁 B 为零。如电流值由 0 增至 600 mA 再逐渐减小至 0，然后双刀开关换为反向电流，由 0 增至 500 mA，再由 500 mA 调至 0，这样磁化电流不断反向，最大电流值每次减小 100 mA，当剩磁减小到 100 mT，每次最大电流减小量还需小些，最后将剩磁消除，退磁过程如图 5-8-4 所示，然后测量 B-H 关系曲线。

（3）测量模具钢的磁滞回线前的磁锻炼。由初始磁化曲线可以得到当 B 增加十分缓慢时，记磁化线圈通过的电流值为 I_m，然后保持此电流 I_m 不变，把双刀换向开关来回拨动 50～100 次，进行磁锻炼。（请思考：开关拉动时，应使触点从接触到断开的时间长些，这是为什么？磁锻炼的作用是什么？）

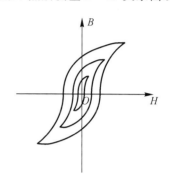

图 5-8-4　样品退磁过程

（4）测量模具钢的磁滞回线。使通过磁化线圈的电流从饱和电流 I_m 开始逐步减小到 0，然后双刀换向开关将电流换向，电流又从 0 增加到 $-I_m$，重复上述过程，即 $(H_m, B_m) \rightarrow (-H_m, -B_m)$，再从 $(-H_m, -B_m) \rightarrow (H_m, B_m)$。每隔 50 mA 测一组 (I_i, B_i) 值。由式（5-8-1）求出 H_i 值。用作图纸作模具钢材料的起始磁化曲线和磁滞回线，记录模具钢的饱和磁感应强度 B_m 和矫顽力 H_c。

【注意事项】

（1）仪器接通电源后须预热 10 分钟，再进行实验。

（2）将数字式特斯拉计的同轴电缆插座与霍尔探头的同轴电缆插头接通。具体方法是将插头缺口对准插座的突出口，手捏住插头的圆柱体部分向插座方向推入即可，卸下时按住有条纹的外圈套往外拉。

（3）数字式特斯拉计调零方法：将霍尔探头移至远离磁性材料样品时，若样品已消磁或磁性很弱，则可调节特斯拉计的调零电位器，调至读数为 0。

（4）磁性材料样品退磁方法：将霍尔探头调到样品气隙中间位置，向上闭合换向开关，调大电流至 600 mA，然后逐渐调小至 0，再向下闭合换向开关，逐渐调大电流使输出电流为 550 mA，再逐渐调至 0，之后电流不断反向，逐渐减小线圈电流的绝对值，不断重复上述过程，最终使剩磁降至 0，数字式特斯拉计示值也随之趋于 0，即完成对样品的退磁。

（5）霍尔探头请勿用力拉动，以免损坏。

（6）绝大多数情况下仪器均能退磁到 0 mT，但因种种原因有时只能退磁到 2 mT 以下，也可以认为"基本退磁"。

【分析思考】

（1）什么叫基本磁化曲线，它和起始磁化曲线有何区别？

（2）测量磁滞回线时，如果测量过程中一旦操作顺序发生错误，应该怎样操作才能继续测量？

（3）怎样使样品完全退磁？

（4）在什么条件下，环形铁磁材料的间隙中测得的磁感应强度能代表磁路中的磁感应强度？

【数据记录】

实验数据记录表格可参考表 5-8-1 和表 5-8-2。

表 5-8-1　剩磁的磁感应强度 B 与位置 X 的关系

X /mm	B /mT	X /mm	B /mT	X /mm	B /mT	X /mm	B /mT

表 5-8-2　退磁过程每隔 50 mA 的测量值（I_i, B_i）

次数 i	1	2	3	4	5	6		
I	I_m							
B								
次数 i								
I								$-I_m$
B								

实验 5.9 电子在电磁场中运动规律的研究

随着近代科学的发展，电子技术的应用已深入到各个领域，关于带电粒子在电场、磁场中的运动规律已成为掌握相关专业必不可少的知识。根据电磁学理论，运动的带电粒子在电场、磁场或者电磁场中会受到电场力、磁场力或电磁场力的作用，使运动轨迹发生改变。许多电子检测仪器都是根据电子在场中的运动规律设计而成的，例如示波管、电视显像管、摄像管、雷达指示管、电子显微镜等。尽管它们的外形和功能各不相同，但是都利用了电子束的聚焦和偏转，因此它们都可以称为电子束管。电子束的聚焦和偏转可以通过电场或磁场对电子束的作用来实现，前者成为电聚焦和电偏转，后者成为磁聚焦和磁偏转。本实验通过电子束实验仪来观察电子束的聚焦、电偏转、磁偏转，进而测量电子荷质比。

【实验目的】

（1）了解带电粒子在电磁场中的运动规律以及电子束的电偏转、电聚焦、磁偏转、磁聚焦的原理。

（2）学习测量电子荷质比的一种方法。

【实验原理】

1. 示波管的简单介绍

小型示波管的结构如图 5-9-1 所示。它包括如下几部分：

（1）一个电子枪，它发射电子，把电子加速到一定速度，并聚焦成电子束。

（2）一个由两对金属板组成的偏转系统（包括水平偏转板和垂直偏转板）。

（3）一个在管子末端的荧光屏，用来显示电子束的轰击点。

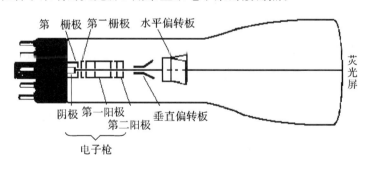

图 5-9-1 小型示波管的结构

所有部件全都密封在一个抽成真空的玻璃外壳里，目的是避免电子与气体分子碰撞而引起电子束散射。接通电源后，灯丝发热，阴极发射电子。栅极加上相对于阴极的负电压起两个作用：

① 调节栅极电压的大小以控制阴极发射电子的强度，所以栅极也叫控制极。

② 栅极电压和第一阳极电压构成一定的空间电位分布，使得由阴极发射的电子束在栅极附近形成一个交叉点。第一阳极和第二阳极的作用一方面构成聚焦电场，使得经过第一交叉点又发散了的电子在聚焦场作用下又会聚起来；另一方面使电子加速，电子以高速打

在荧光屏上，屏上的荧光物质在高速电子轰击下发出荧光。荧光屏上的发光亮度取决于到达荧光屏的电子数目和速度，而改变栅压及加速电压的大小都可控制光点的亮度。水平偏转板和垂直偏转板是互相垂直的平行板，偏转板上加以不同的电压，用来控制荧光屏上亮点的位置。

2. 电子的加速和电偏转

为了描述电子的运动，我们选用了一个直角坐标系，其 z 轴沿示波管管轴，x 轴是示波管正面所在平面上的水平线，y 轴是示波管正面所在平面上的竖直线。

如图 5-9-2 所示，从阴极发射出来通过电子枪各个小孔的一个电子，它在从阳极 A_2 射出时在 z 方向上具有速度 v_z；v_z 的值取决于 K 和 A_2 之间的电位差 $V_2 = V_B + V_C$。

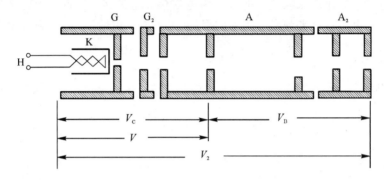

图 5-9-2 示波管电子枪的电机结构

电子从 K 移动到 A_2，位能降低了 eV_2。因此，如果电子逸出阴极时的初始动能可以忽略不计，那么它从 A_2 射出时的动能 $\frac{1}{2}mv_z^2$ 可由下式确定。

$$\frac{1}{2}mv_z^2 = eV_2 \qquad (5-9-1)$$

此后，电子再通过偏转板之间的空间。如果偏转板之间没有电位差，那么电子将笔直地通过，最后打在荧光屏的中心（假定电子枪瞄准了中心）形成一个小亮点。但是，如果两个垂直偏转板（水平放置的一对）之间加有电位差 V_d，使偏转板之间形成一个横向电场 E_y，那么作用在电子上的电场力便使电子获得一个横向速度 v_y，但却不改变它的轴向速度分量 v_z，这样，电子在离开偏转板时运动的方向将与 z 轴成一个夹角 θ，这个 θ 角由下式决定。

$$\tan\theta = \frac{v_y}{v_z} \qquad (5-9-2)$$

如图 5-9-3 所示，如果已知偏转电位差和偏转板的尺寸，那么以上各个量都能计算出来。

设距离为 d 的两个偏转板之间的电位差 V_d 在其中产生一个横向电场 $E_y = V_d/d$，从而对电子作用一个大小为 $F_y = eE_y = eV_d/d$ 的横向力。在电子从偏转板之间通过的时间 Δt 内，这个力使电子得到一个横向动量 mv_y，而它等于力的冲量，即

$$m \cdot v_y = F_y\Delta t = eV_d \frac{\Delta t}{d} \qquad (5-9-3)$$

于是有

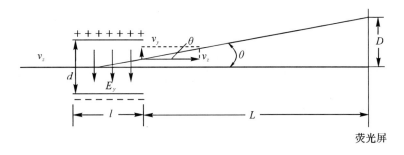

图 5 - 9 - 3　电子在电场中的运动轨迹

$$v_y = \frac{e}{m} \cdot \frac{V_d}{d} \Delta t \qquad (5-9-4)$$

然而，这个时间间隔 Δt，也就是电子以轴向速度 v_z 通过距离 l（l 等于偏转板的长度）所需要的时间，因此 $l = v_z \Delta t$。由这个关系式解出 Δt，代入冲量-动量关系式，有

$$v_y = \frac{e}{m} \cdot \frac{V_d}{d} \cdot \frac{l}{v_z} \qquad (5-9-5)$$

这样，偏转角 θ 就可以由下式给出：

$$\tan\theta = \frac{v_y}{v_z} = \frac{eV_d l}{dmv_z^2} \qquad (5-9-6)$$

再把能量关系式(5 - 9 - 1)代入上式，最后得到

$$\tan\theta = \frac{V_d}{V_2} \cdot \frac{l}{2d} \qquad (5-9-7)$$

这个公式表明，偏转角随偏转电位差 V_d 的增加而增大，而且，偏转角也随偏转板长度 l 的增大而增大，偏转角与 d 成反比，对于给定的总电位差来说，两偏转板之间距离越近，偏转电场就越强。最后，降低加速电位差 $V_2 = V_B + V_C$ 也能增大偏转，这是因为这样就减小了电子的轴向速度，延长了偏转电场对电子的作用时间。此外，对于相同的横向速度，轴向速度越小，得到的偏转角就越大。

电子束离开偏转区域以后便又沿一条直线行进，这条直线是电子离开偏转区域那一点的电子轨迹的切线。这样，荧光屏上的亮点会偏移一个垂直距离 D，而这个距离由关系式 $D = L\tan\theta$ 确定。这里 L 是偏转板到荧光屏的距离（忽略荧光屏的微小的曲率），如果更详细地分析电子在两个偏转板之间的运动，那么这里的 L 应从偏转板的中心量到荧光屏。于是有

$$D = L \frac{V_d}{V_2} \cdot \frac{l}{2d} \qquad (5-9-8)$$

3. 电聚焦原理

图 5 - 9 - 4 显示了电子枪各个电极的截面，加速场和聚焦场主要存在于各电极之间的区域。图 5 - 9 - 5 是 A_1 和 A_2 这个区域放大了的截面图，其中画出了一些等位面截线和一些电力线。从 A_1 出来的横向速度分量为 V_r 的具有离轴倾向的电子，在进入 A_1 和 A_2 之间的区域后，被电场的横向分量推向轴线。与此同时，电场 E 的轴向分量 E_z 使电子加速；当电子向 A_2 运动，进入接近 A_2 的区域时，那里的电场 E 的横向分量 E_r 有把电子推离轴线的倾向。但是由于电子在这个区域比前一个区域运动得更快，向外的冲量比前面的向内的冲

量要小，所以总的效果仍然是使电子靠拢轴线。

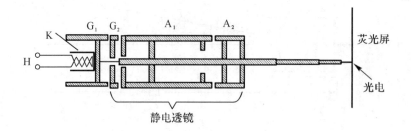

图 5-9-4　电子枪各电极截面图

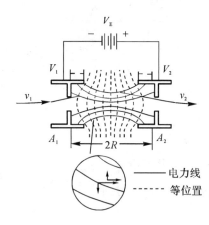

图 5-9-5　电子在电场中的聚焦

4. 磁偏转原理

在磁场中运动的一个电子会受到一个力加速，这个力的大小 F 与垂直于磁场方向的速度分量成正比，而方向总是既垂直于磁场 B 又垂直于瞬时速度 v。从 F 与 v 方向之间的这个关系可以直接推导出一个重要的结论：由于粒子总是沿着与作用在它上面的力相垂直的方向运动，磁场力不对粒子做功，由于这个原因，在磁场中运动的粒子保持动能不变，因而速率也不变。当然，速度的方向可以改变。在本实验中，我们将观测到在垂直于电子束方向的磁场作用下电子束的偏转。

如图 5-9-6 所示，电子从电子枪发射出来时，其速度 v 由下面能量关系式决定，即

$$\frac{1}{2}mv^2 = eV_2 = e(V_B + V_C) \tag{5-9-9}$$

电子束进入长度为 l 的区域后，这里有一个垂直于纸面向外的均匀磁场 B，由此引起的磁场力的大小为 $F = e \cdot v \cdot B$，而且它始终垂直于速度。此外，由于这个力所产生的加速度在每一瞬间都垂直于 v，此力的作用只是改变 v 的方向而不改变它的大小，也就是说，粒子以恒定的速率运动。电子在磁场力的影响下作圆弧运动。因为圆周运动的向心加速度为 v^2/R，而产生这个加速度的力（有时称为向心力）必定为 $m \cdot v^2/R$，所以圆弧的曲率半径可以很容易计算出来。向心力等于 $F = evB$，因而 $mv^2/R = evB$ 即 $R = mv/eB$。电子离开磁场区域之后，重新沿一条直线运动，最后，电子束打在荧光屏上某一点，这一点相对于没有偏转的电子束的位置移动了一段距离。

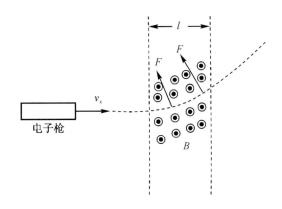

图 5-9-6　电子在磁场中的运动轨迹

5. 磁聚焦和电子荷质比的测量原理

置于长直螺线管中的示波管，在不受任何偏转电压的情况下，示波管正常工作时，调节亮度和聚焦，可在荧光屏上得到一个小亮点。若第二加速阳极 A_2 的电压为 V_2，则电子的轴向运动速度用 v_z 表示，则有

$$v_z = \sqrt{\frac{2eV_2}{m}} \tag{5-9-10}$$

当给其中一对偏转板加上交变电压时，电子将获得垂直于轴向的分速度（用 v_r 表示），此时荧光屏上便出现一条直线，然后给长直螺线管通以直流电流 I，于是螺线管内便产生磁场，其磁感应强度用 $\boldsymbol{B}$ 表示。众所周知，运动电子在磁场中要受到罗伦磁力 $F = e \times v_r \times B$ 的作用（v_z 方向受力为零），这个力使电子在垂直于磁场（也垂直于螺线管轴线）的平面内做圆周运动，设其圆周运动的半径为 R，则有

$$ev_r B = \frac{mv_r^2}{R} \qquad 即\ R = \frac{mv_r}{eB} \tag{5-9-11}$$

圆周运动的周期为

$$T = \frac{2\pi R}{v_r} = \frac{2\pi m}{eB} \tag{5-9-12}$$

电子既在轴线方面做直线运动，又在垂直于轴线的平面内做圆周运动。它的轨道是一条螺旋线，其螺距用 h 表示，则有

$$h = v_z T = \frac{2\pi m}{eB} v_z \tag{5-9-13}$$

从式（5-9-12）和式（5-9-13）可以看出，电子运动的周期和螺距均与 v_r 无关。虽然各点电子的径向速度不同，但由于轴向速度相同，由一点出发的电子束，经过一个周期以后，它们又会在距离出发点相距一个螺距的地方重新相遇，这就是磁聚焦的基本原理，由公式（5-9-13）可得

$$\frac{e}{m} = \frac{8\pi^2 V_2}{h^2 B^2} \tag{5-9-14}$$

长直螺线管的磁感应强度 B，可以由下式计算，即

$$B = \frac{\mu_0 NI}{\sqrt{F^2 + D^2}} \tag{5-9-15}$$

将式(5-9-15)代入式(5-9-14)，可得电子荷质比为

$$\frac{e}{m}=\frac{8\pi^2 V_2(L^2+D^2)}{\mu_0^2 N^2 h^2 I^2} \tag{5-9-16}$$

式中，μ_0 为真空中的磁导率，$\mu_0 = 4\pi \times 10^{-7}$ 亨利/米。

【实验仪器】

本实验所用仪器有 DZS-D 型多功能电子束实验仪，其外形如图 5-9-7 所示。另外，本实验还附有独立示波管旋转平台和消除地磁场干扰装置。

图 5-9-7　仪器外形图

实验仪的主要参数如下：

螺线管的长度：$L=0.234$ m；直径：$D=0.090$ m；线圈匝数：$N=526$ T。

螺距(Y 偏转板至荧光屏距离)：$h=0.145$ m(注：X 偏转板至荧光屏距离 $h_X=0.115$ m)。

阳极高压：500V～1100V；聚焦电压：150 V～450 V；电偏转电压：0 V～50 V。

磁偏转电流：0 A～0.250 A；磁聚焦电流：0 A～3.50 A。

【实验步骤】

1. 电聚焦实验

(1) 将实验仪主机与示波管之间用专用导线进行连接，主机机箱后面接入 220 V 电源并开启电源开关，将"电子束-荷质比"选择开关 K_1 及 K_2，拨至"电子束"位置，适当调节示波管辉度。调节聚焦，使示波管显示屏上光点聚焦成一个细点。注意：光点不要太亮，以免烧坏荧光屏，缩短示波管寿命。

(2) 通过调节电子束板块中的"X 调零"和"Y 调零"旋钮，使示波管显示屏上光点位于 X、Y 轴的中心。

(3) 调节"阳极电压"，分别使 $V_2=600$ V，700 V，800 V，900 V，1000 V，调节"聚焦"及"辅助聚焦"电压旋钮(改变聚焦电压)，使光点逐渐达到最佳的聚焦效果，在此情况下，测量并记录各不同阳极电压时对应的电聚焦电压 V_1，将数据记录到表格 5-9-1 中。

(4) 求出 V_2/V_1 的比值，填入表格 5-9-1 中。

2. 电偏转实验

(1) 开启电源开关，将"电子束-荷质比"功能选择开关 K_1 及 K_2，拨至"电子束"位置，适当调节亮度旋钮，使示波管辉度适中，调节聚焦，使示波管显示屏上光点聚成一个细点。注意：光点不能太亮，以免烧坏荧光屏。

（2）光点调零，用导线将"X 偏转板"插座与"电偏转电压测量"插座相连接（电源负极内部已连接）。调节"X 电压"旋钮，使电压表的指示为"零"，再调节 X 调零的旋钮，把光点移动到示波管垂直中线上。同 X 调零一样，通过 Y 调零旋钮，可以使光点位于示波管的中心原点处。

（3）测量光点移动距离 D 随偏转电压 V_d 大小的变化（x 轴）。调节阳极电压旋钮，使阳极电压固定在 $V_2 = 600$ V。改变并测量电偏转电压 V_d 值和对应的光点的位移量 D 值，每隔 3 伏测一组 V_d 和 D 值，把数据记录到表格 5 - 9 - 2 中。然后调节到 $V_2 = 700$ V，重复以上实验步骤。

（4）同 X 轴一样，只要把"电偏转电压测量"插座改接到"Y 偏转板"插座，即可测量 Y 轴方向光点的位移量与电偏转电压的关系，即 D-V_d 的变化规律。把数据记录到表格 5 - 9 - 3 中。

3. 磁偏转实验

磁偏转实验接线图如图 5 - 9 - 8 所示。

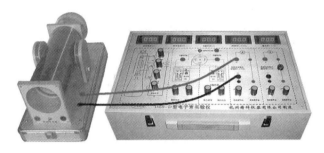

图 5 - 9 - 8　磁偏转实验接线图

（1）开启电源开关，将"电子束-荷质比"选择开关拨向"电子束"位置，辉度适当调节，并调节聚焦，使屏上光点聚焦成一个细点。应注意：光点不能太亮，以免烧坏荧光屏。

（2）光点调零，在磁偏转输出电流为零时，通过调节"X 偏转"和"Y 偏转"旋钮，使光点位于 y 轴的中心（坐标原点）。

（3）测量偏转量 D 随磁偏电流 I 的变化，给定 $V_2 = 600$ V，按图 5 - 9 - 8 所示方法接线，按下电流选择按钮开关，调节磁偏电流调节旋钮（改变磁偏电流的大小），每增加磁偏电流 10 mA 测量一组 D 值，把数据记录到表格 5 - 9 - 4 中。使 $V_2 = 700$ V，再测一组 D-I 数据，把数据记录到表格 5 - 9 - 5 中。

4. 磁聚焦实验和电子荷质比的测定

磁聚焦实验接线图如图 5 - 9 - 9 所示。

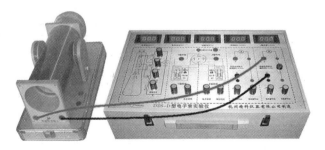

图 5 - 9 - 9　磁聚焦实验接线图

（1）把励磁电流接到励磁电流的接线柱上，把励磁电流调节旋钮逆时针旋到底。

（2）开启电子束测试仪电源开关，电子束-荷质比转换开关 K_1 向上置于"荷质比"位置，此时荧光屏上出现一条直线，把阳极电压调到 $V_2 = 700$ V。

（3）开启励磁电流电源，释放电流选择按钮开关，逐渐加大电流，使荧光屏上的直线一边旋转一边缩短，直到变成一个小光点，立即读取该电流值，然后将电流调为零，再将聚焦电流换向开关（在励磁线圈下面）扳到另一方，再从零开始增加电流，使屏上的直线反方向旋转并缩短，直到再一次得到一个小光点，读取电流值并记录到表格 5-9-6 中。

（4）调节阳极电压为 $V_2 = 800$ V，重复以上步骤。

【注意事项】

（1）示波管显示屏上光点聚焦成一细点时，注意光点不要太亮，以免烧坏荧光屏，缩短示波管寿命。

（2）实验结束后，先把励磁电流调节旋钮逆时针旋到底。

【分析思考】

（1）在测量荷质比时，地磁场对测量结果有影响吗？若有，应该如何消除？

（2）在电子束偏转与聚焦实验中，偏转量的大小与光点的亮点是否有关？

【数据记录】

实验数据记录表格可参考表 5-9-1～表 5-9-6。

表 5-9-1　电聚焦实验数据记录

V_2	600 V	700 V	800 V	900 V	1000 V
V_1					
V_2/V_1					

表 5-9-2　x 轴 D-V_d 数据记录

V_d /600 V						
D /mm						
V_d (700 V)						
D /mm						

表 5-9-3　y 轴 D-V_d 数据记录

V_d (600 V)						
D /mm						
V_d (700 V)						
D /mm						

表 5 - 9 - 4　$V_2 = 600$ V 时 D-I 数据记录

I /mA											
D /mm											

表 5 - 9 - 5　$V_2 = 700$ V 时 D-I 数据记录

I /mA											
D /mm											

表 5 - 9 - 6　磁聚焦和电子荷质比的实验数据记录

电　流　　　　　　　　　　　电　压	700/V	800/V
$I_{正向}$ /A		
$I_{反向}$ /A		
$I_{平均}$ /A		
电子荷质比 e/m /(C/kg)		

实验 5.10 非线性元件的伏安特性

当给一个电学元件通以直流电，测出元件两端的电压 U 及流过元件的电流 I，作出的 U–I 关系曲线，就称为该元件的伏安特性曲线。伏安特性曲线为直线的元件称为线性元件；伏安特性曲线为非直线的元件称为非线性元件，如钨丝灯泡、二极管等。非线性电阻总是与一定的物理过程相联系，如发热、发光和能级跃迁等，江崎玲于奈等人因研究与隧道二极管负电阻有关的现象而获得 1973 年的诺贝尔物理学奖。

【实验目的】

（1）掌握非线性元件伏安特性的测量方法、基本电路。

（2）掌握二极管、稳压二极管、发光二极管的基本特性。准确测量其正向导通阈值电压。

（3）画出以上 3 种元件的伏安特性曲线。

【实验原理】

1. 伏安特性

给一个元件通以直流电，用电压表测出元件两端的电压，用电流表测出通过元器件的电流。通常以电压为横坐标、电流为纵坐标，画出该元件电流和电压的关系曲线，该曲线称为该元件的伏安特性曲线。这种研究元件电学特性的方法称为伏安法。伏安特性曲线为直线的元件称为线性元件，如电阻；伏安特性曲线为非直线的元件称为非线性元件，如二极管、三极管等。伏安法的主要用途是研究线性和非线性元件的电特性。

根据欧姆定律，电阻 R、电压 U、电流 I，有如下关系：

$$R = \frac{U}{I} \tag{5-10-1}$$

由电压表和电流表的示值 U 和 I 计算可得到待测元件 R_x 的阻值。但非线性元件的 R 是一个变量，因此分析它的阻值必须指出其工作电压（或电流）。非线性元件的电阻有两种表示方法，一种称为静态电阻（或称为直流电阻），用 R_D 表示；另一种称为动态电阻，用 r_D 表示，它等于工作点附近的电压改变量与电流改变量之比。动态电阻可通过伏安曲线求出，如图 5-10-1 所示，图中 Q 点的静态电阻 $R_D = U_Q/I_Q$，动态电阻 $r_D = dU_Q/dI_Q$。

测量伏安特性时，受电压表、电流表内阻接入影响，会引入一定的系统误差。由于数字式电压表内阻很高、数字式电流表内阻很小，在测量低、中值电阻时引入系统误差较小，本实验将其忽略不计。

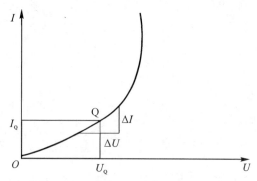

图 5-10-1 动态电阻伏安特性曲线图

2. 半导体二极管

半导体二极管是一种常用的非线性元件，由 P 型、N 型半导体材料制成 PN 结，经欧姆接触引出电极，封装而成。二极管在电路中用图 5-10-2（a）所示的符号表示，两个电极分别为正极、负极。二极管的主要特点是单向导电性，其伏安特性曲线如图 5-10-2（b）所示，其特点是：在正向电流或正向电压较小时，电流较小；当正向电压加大到某一数值 U_D 时，正向电流明显增大。将此段直线反向延长与横轴相交，交点 U_D 称为正向导通阈值电压。正向导通后，锗管的正向电压约降为 0.2 V～0.3 V，硅管约为 0.6 V～0.8 V。在反向电压超过某一数值 $-U_b$ 时，电流急剧增大，这种情况称为击穿。U_b 为击穿电压。

二极管的主要参数：最大整流电流 I_f，指二极管正常工作时允许通过的最大正向平均电流；最大反向电压 U_b，一般为反向击穿电压的一半。由于二极管具有单向导电性，它在电子电路中得到了广泛应用，常用于整流、检波、限幅、元件保护以及在数字电路中作为开关元件等。

3. 稳压二极管

稳压二极管是一种特殊的硅二极管，表示符号如图 5-10-3（a）所示；其伏安特性曲线如图 5-10-3（b）所示。在反向击穿区一个很宽的电流区间，伏安曲线陡直，此直线反向与横轴相交于 U_w。与一般二极管不同，普通二极管击穿后电流急剧增大，当超过极限值 $-I_s$ 时，二极管将被烧毁。而稳压二极管的反向击穿是可逆的，去掉反向电压，稳压管又恢复正常。但如果反向电流超过允许范围，稳压管同样会因热击穿而烧毁。故正常工作时要根据稳压二极管的允许工作电流来设定其工作电流。稳压二极管常用在稳压、恒流等电路中。

稳压二极管的主要参数：稳定电压 U_w、

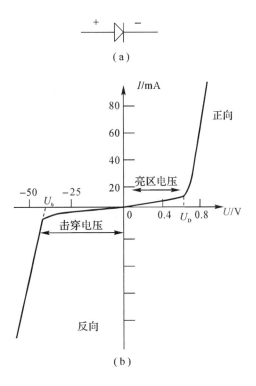

图 5-10-2 半导体二极管伏安特性曲线图

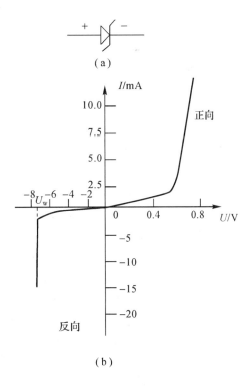

图 5-10-3 稳压二极管伏安特性曲线图

动态电阻 r_D（r_D 越小，稳压性能越好）、最小稳压电流 I_{min}、最大稳压电流 I_{max}、最大耗散功率 P_{max}。

4. 发光二极管

发光二极管(LED)是由Ⅲ、Ⅴ族化合物，如 GaAs(砷化镓)、GaP(磷化镓)、GaASP(磷砷化镓)等半导体材料制成的，其核心是 PN 结。因此它具有一般 PN 结的伏安特性，即正向导通、反向截止、击穿特性。LED 的表示符号如图 5-10-4(a)所示，其主要特点是具有发光特性。在正向电压下，电子由 N 区注入 P 区，空穴由 P 区注入 N 区。进入对方区域形成少数载流子，此时进入 P 区的电子和 P 区的空穴复合，进入 N 区的空穴和 N 区的电子复合，并以发光的形式辐射出多余的能量，这就是 LED 工作的基本原理。LED 的电压与电流的关系可用图 5-10-4 表示。

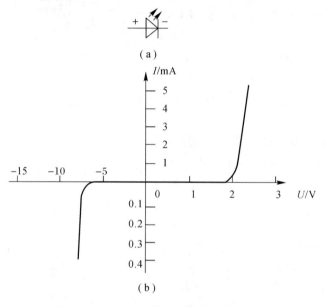

(a)

(b)

图 5-10-4　LED 的电压与电流的关系图

【实验仪器】

本实验所用的非线性元件伏安特性实验仪由直流稳压电源、数字电压表、数字电流表、多圈可变电阻器、普通二极管、稳压二极管、发光二极管、钨丝灯泡等组成。

【实验内容与步骤】

(1) 测量普通二极管的正向伏安特性实验。如图 5-10-5 为二极管的正向伏安特性测量原理图。测量二极管正向特性时，电压从最小开始调节，观察正向电流。当开始有正向电流时，即很慢地用分压调节微调电压，正向电流达到 10 mA 时实验结束。记录 $I-U$ 关系数据，在作图纸上描出正向伏安特性曲线。

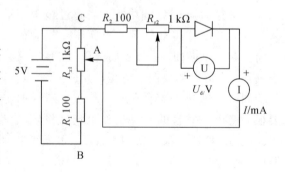

图 5-10-5　二极管的正向伏安特性测量原理图

（2）测量稳压二极管的正向、反向伏安特性实验。如图 5-10-6（a）、（b）所示为测稳压二极管正、反向特性原理图。测正向特性时，电压从最小开始调节（分压调节至最小），观察正向电流。当开始有正向电流时即用分压调节微调电压，正向电流达到 10 mA 时结束，然后在作图纸上描出正向伏安特性曲线。

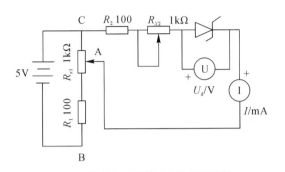 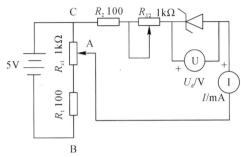

（a）测稳压二极管正向特性原理图　　　　（b）测稳压二极管反向特性原理图

图 5-10-6　测稳区二极管正、反向特性原理图

　　测正向特性时，电压从最小开始调节（分压调节至最小），观察正向电流，当开始有正向电流时即用分压调节微调电压，当正向电流达到 10 mA 时结束。在作图纸上描出正向伏安特性曲线。测反向击穿特性（稳压特性）时，只要将待测稳压二极管两端连线对换（反接）即可，测出反向电流与反向电压的关系，直至反向电流达 10mA 时停止测量，用外推法求截距，得到稳压二极管的反向击穿电压（稳定电压），并用伏安法求出稳压二极管的动态电阻，说明动态电阻的大小对稳压特性的影响。在作图纸上描出反向伏安特性曲线。

　　（3）测量发光二极管的正向伏安特性。图 5-10-7 为发光二极管测量原理图。发光二极管的正向伏安特性与一般二极管相似，它的导通电压即为发光二极管的点亮电压。由于它的峰值波长与半导体材料禁带宽度 Eg 有关，故不同材料制成的发光二极管会发出不同峰值波长的光，且导通电压也会因半导体材料禁带宽度的不同而不同。本实验提供红色发光二极管，测出它的导通电压，并根据导通电压估算出它的峰

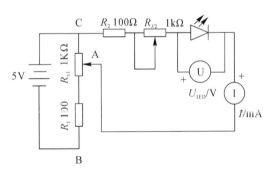

图 5-10-7　发光二极管测量原理图

值波长。测正向特性时，电压从最小开始调节（分压调节至最小），观察正向电流，当开始有正向电流时即用分压调节微调电压，记下它们导通电压（点亮电压），正向电流达到 10 mA 时结束（正向电流最大不能超过 20 mA，否则 LED 可能烧坏）。

【注意事项】

　　（1）测量稳压二极管、发光二极管的伏安特性时，在取数据点时，转折区域的数据点容易取少，使得图像在转折处不够平滑，这样就不能真实地反映出转折区域。

　　（2）测量发光二极管的伏安特性时，注意观测点亮电压，正向电流最大不能超过 20 mA，LED 容易烧坏。

【分析思考】

(1) 什么是静态电阻和动态电阻，说明二者区别。

(2) PN 结正向伏安特性曲线的函数形式可能是什么类型？写出其标准形式。从实验数据求出二极管(PN 结)$I-U$ 关系的经验公式。

(3) 总结各非线性元件的伏安特性。

【数据记录】

实验数据记录表格可参考表 5-10-1～表 5-10-4。

表 5-10-1　普通二极管的正向伏安特性数据

编号	1	2	3	4	5	6	7	8	9	10
U/V										
I/mA										
编号	11	12	13	14	15	16	17	18	19	20
U/V										
I/mA										

表 5-10-2　稳压二极管的正向伏安特性数据

编号	1	2	3	4	5	6	7	8	9	10
U/V										
I/mA										
编号	11	12	13	14	15	16	17	18	19	20
U/V										
I/mA										

表 5-10-3　稳压二极管的反向伏安特性数据

编号	1	2	3	4	5	6	7	8	9	10
U/V										
I/mA										
编号	11	12	13	14	15	16	17	18	19	20
U/V										
I/mA										

表 5-10-4　发光二极管的正向伏安特性数据

编号	1	2	3	4	5	6	7	8	9	10
U/V										
I/mA										
编号	11	12	13	14	15	16	17	18	19	20
U/V										
I/mA										

第 6 章 光学实验

实验 6.1 薄透镜焦距的测定

透镜是最常用的光学元件,是构成显微镜、望远镜等光学仪器的基础。当透镜的厚度与其曲率半径相比较小且可忽略时,即可称之为薄透镜。

焦距是表征透镜成像性质的重要参数。测定焦距不单是一项产品检验工作,更重要的是为光学系统的设计提供依据。学习薄透镜焦距的测量,不仅可以加深对几何光学中透镜成像规律的理解,而且有助于训练学生掌握光路分析方法和光学仪器调节技术。最常用的测焦距方法大都是根据物像关系设计的。

【实验目的】

(1) 了解透镜成像的原理及成像规律,掌握符号法则。

(2) 学会光学系统共轴调节。

(3) 掌握薄透镜焦距的测量方法,会用左、右逼近法确定像最清晰的位置,测量凸透镜和凹透镜的焦距。

【实验原理】

薄透镜是光学仪器中的基本元件,分为凸透镜和凹透镜。凸透镜亦称正透镜,对光有会聚作用。凹透镜亦称负透镜,对光有发散作用。

焦距是透镜的一个主要参量,由于薄透镜的厚度较自身两折射球面的曲率半径及焦距要小得多,故厚度可忽略不计。在近轴条件下,物距 u、像距 v、焦距 f 满足高斯公式,即

$$-\frac{1}{u} + \frac{1}{v} = \frac{1}{f} \tag{6-1-1}$$

则有

$$f = \frac{uv}{u-v} \tag{6-1-2}$$

式(6-1-2)中各物理量的符号规定(笛卡尔符号法则):距离自参考点(薄透镜的光心)量起,与光线进行方向一致时为正,反之为负。焦距为正则透镜是凸透镜,负则透镜是凹透镜。

1. 凸透镜焦距的测定

1) 实物成实像法

实物成实像法测凸透镜的焦距实验光路图如图 6-1-1 所示,实物作为光源,其发散的

光经凸透镜后在一定条件下成实像,可用白屏观察,通过测定物距和像距,利用式(6-1-2)即可求得 f。

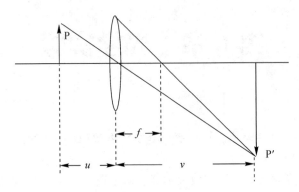

图 6-1-1 实物成实像法测凸透镜的焦距实验光路图

2)二次成像法(亦称贝塞尔法或共轭法)

如图 6-1-2 所示,使物体与白屏之间的距离 $D > 4f$,并保持不变,移动凸透镜到Ⅰ位置时,白屏上接收到倒立的、清晰的、放大的实像,移动凸聚透镜到Ⅱ位置时,白屏上接收到倒立的、清晰的、缩小的实像,d 是两位置Ⅰ、Ⅱ之间的距离。

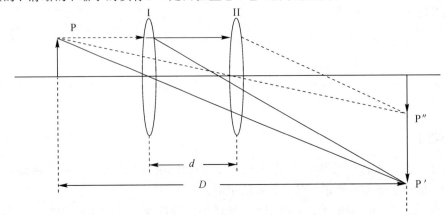

图 6-1-2 二次成像法测焦距

实验中只要测出透镜两次成像移动的距离 d、物屏与像屏的距离 D 值,代入下式就可算出透镜的焦距:

$$f = \frac{D^2 - d^2}{4D} \qquad (6-1-3)$$

利用这种方法计算得的结果一般比较准,物距和像距都近似地用从光心算起的距离来代替,而这种方法不需要考虑透镜本身的厚度。

注意:式(6-1-3)可以从透镜成像的基本公式(6-1-1)经过简单数学推导获得。

3)自准直法

如图 6-1-3 所示,在待测透镜的左侧放一用光源照亮的物屏 P,在透镜的右侧放一平面镜 M,并分别调整物屏与平面镜,使它们都分别垂直于主光轴。移动透镜使物屏上呈现一个与原物 P 的大小相同的倒立的实像 P',此时屏与透镜之间的距离即透镜的焦距,即

$$f = \mid S \mid \qquad\qquad (6-1-4)$$

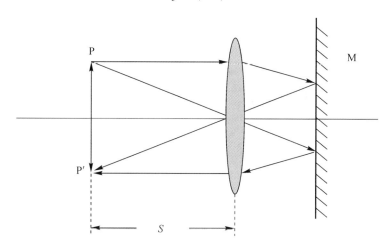

图 6 - 1 - 3 自准直法测凸透镜的焦距

2. 凹透镜焦距的测定

1) **虚物成实像法**

凹透镜对光有发散作用，对实物成虚像，但测量虚像比较困难，需加入一个凸透镜作为辅助透镜。如图 6 - 1 - 4 所示，物体 P 发出的光经过凸透镜成实像于 P′点，在凸透镜与 P′点之间插入待测凹透镜 L，由于 L 的发散作用，光线的实际会聚点将往后移到 P″点。对凹透镜而言，实像 P″就是等效于虚物 P′所形成的。

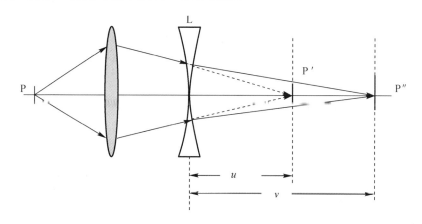

图 6 - 1 - 4 虚物成实像法测凹透镜的焦距

实验中只要测出凹透镜与 P′点的距离 u 和凹透镜与 P″点的距离 v，代入式(6 - 1 - 1)即得凹透镜的焦距。

2) **自准直法**(选做)

如图 6 - 1 - 5 所示，将物体 P 置于凸透镜左侧，测出它的成像位置 P′，然后固定凸透镜，并在凸透镜与 P′之间插入凹透镜和平面镜，移动凹透镜 M，可使 M 反射回去的光线经凹透镜和凸透镜后仍成像于 P 点。此时凹透镜与 P′的距离即为凹透镜的焦距。

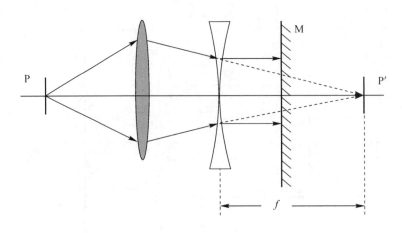

图 6-1-5　自准直法测凹透镜焦距

【实验仪器】

本实验所用仪器有光具座、凸透镜、凹透镜、物屏、平面反射镜、光源等。

【实验内容与步骤】

此次实验只探讨凸透镜的物像法、两次成像法、自准直法测焦距和凹透镜的成像法测焦距。

1. 光具座上各光学元件同轴等高的调节

先在实验桌上将光具座导轨调节成水平，然后进行各光学元件同轴等高的粗调和细调，直到各光学元件的光轴共轴，并与光具座导轨平行为止。光学系统的共轴调节方法分为粗调和细调两步。

（1）粗调：将光源、物屏、透镜、像屏等固定好，先将它们靠拢，调节各自的高低、左右位置和取向，用眼观察，使它们的中心处在同一条和导轨平行的直线上，使透镜的主光轴与导轨平行，并且使物（或物屏）和成像平面（或像屏）与导轨垂直。

（2）细调：在二次成像的条件下，移动凸透镜并观察两次所成大小像的中心是否重合，如不重合，则上下左右调整元件使其重合即可。

2. 凸透镜焦距的测定

1）物距像距法测凸透镜焦距

按如图 6-1-1 所示方法放置物体、凸透镜和像屏。移动透镜，使屏上得到清晰的像，记录透镜的位置。移动透镜至另一位置，使屏上又得到清晰的像，再记录透镜的位置，多次测量求出 f。

2）两次成像法测凸透镜焦距

按如图 6-1-2 所示方法放置物体、凸透镜和像屏。使物体和像屏距离略大于 $4f$，并记录物体与像屏的位置。移动凸透镜，使像屏观测到两次清晰放大（或缩小）的实像，分别记下两次成像时透镜的位置，并由式（6-1-3）求出 f。改变屏的位置，重复测 3 次，求其 f 的平均值 $\bar{f}$。

3）自准直法测凸透镜焦距

按如图 6-1-3 所示位置放置物体、凸透镜和平面镜。移动透镜使物体旁边得到一个清晰的、与物体（光孔）等大的、倒立的实像，分别记下物体位置和凸透镜的位置，两者的距离即为凸透镜的焦距。重复测量 3 次，求其平均值。

3. 虚物成实像法测凹透镜焦距

如图 6-1-4 所示，调节各元件共轴后，暂不放入凹透镜，并使物体和像屏距离略大于 $4f$。移动凸透镜，使像屏上出现清晰的、倒立的、大小适中的实像 P′，记下 P′ 的位置并保持凸透镜的位置不变。将凹透镜放入凸透镜与像屏之间，移动像屏，使屏上重新得到清晰、放大、倒立实像 P″，记录 P″ 的位置，同时记下凹透镜的位置，利用公式（6-1-1）求出凹透镜焦距。重复 3 次，求其平均值。

【注意事项】

（1）在使用仪器时要轻拿、轻放，勿使仪器受到震动和磨损。

（2）任何时候都不能用手去接触玻璃仪器的光学面，以免在光学面上留下痕迹，使成像模糊或无法成像。如必须用手拿玻璃仪器部件，只准拿毛面，如透镜四周，棱镜的上、下底面，平面镜的边缘等。

（3）当光学表面有污痕或手迹时，对于非镀膜表面可用清洁的擦镜纸轻轻擦拭，或用脱脂棉蘸擦镜水擦拭。

（4）注意不同版本教材的薄透镜成像公式所遵从的符号法则不同。

【分析思考】

（1）为什么二次成像法也称为共轭法？

（2）为什么二次成像时要求 $D > 4f$？如何证明？

【数据记录】

实验数据记录表格可参考表 6-1-1 和表 6-1-2。

表 6-1-1　凸透镜焦距的测量

方法一	u /mm	v /mm	f /mm	$\bar{f}$ /mm
1				
2				
3				
方法二	d /mm	D /mm	f /mm	$\bar{f}$ /mm
1				
2				
3				

方法三	S/mm	f/mm	$\bar{f}$/mm
1			
2			
3			

表 6 - 1 - 2　凹透镜焦距的测量

次数	u/mm	v/mm	f/mm	$\bar{f}$/mm
1				
2				
3				

实验 6.2　用牛顿环干涉测透镜曲率半径

两列频率相同、相位差恒定、振动方向一致的波相遇时，会产生干涉现象，在这两列相干光相遇的区域，可形成明暗相间的干涉条纹。牛顿环，又称"牛顿圈"，就是一种环状的干涉条纹，是一种等厚干涉条纹，它可以用来判断透镜表面凹凸、精确检验光学元件表面质量、测量透镜表面曲率半径和液体折射率等。

【实验目的】

（1）观察光的等厚干涉现象，了解干涉条纹特点。
（2）利用牛顿环干涉测定透镜的曲率半径。
（3）用逐差法处理实验数据。

【实验原理】

牛顿环具体形成的过程：将一块曲率半径 R 较大的平凸透镜的凸面放在一个光学平板玻璃上，使平凸透镜的球面 AOB 与平面玻璃 CD 面相切于 O 点，组成牛顿环装置，如图 6-2-1所示，则在平凸透镜球面与平板玻璃之间形成一个以接触点 O 为中心向四周逐渐增厚的空气劈尖。当单色平行光束近乎垂直地向 AB 面入射时，一部分光束在 AOB 面上反射，一部分继续前进，到 COD 面上反射。这两束反射光在 AOB 面相遇，形成明暗相间的干涉条纹。由于 AOB 面是球面，与 O 点等距的各点对 O 点是对称的，因而上述明暗条纹排成如图 6-2-2所示的明暗相间的圆环图样，在中心有一暗点（实际观察是一个圆斑），这些环纹称为牛顿环。

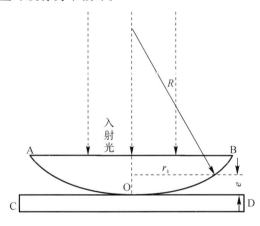

图 6-2-1　牛顿环装置

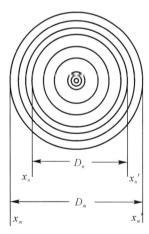

图 6-2-2　牛顿环

根据理论计算可知，与 k 级条纹对应的两束相干光的光程差为 $\Delta = 2e + \dfrac{\lambda}{2}$，式中 e 为第 k 级条纹对应的空气膜的厚度；$\dfrac{\lambda}{2}$ 为额外光程差。在本实验中，光程差源于在空气层下表面反射时的半波损失（由光疏介质向光密介质入射）。由干涉条件可知，当 $\Delta = (2k+1)\dfrac{\lambda}{2}$（$k$

＝0，1，2，3，…)时，干涉条纹为暗条纹。

已知

$$e = k\frac{\lambda}{2} \tag{6-2-1}$$

设透镜的曲率半径为 R，与接触点 O 相距为 r_k 处空气层的厚度为 e，由图所示几何关系可得

$$R^2 (R-e)^2 + r_k^2 = R^2 - 2Re + e^2 + r_k^2$$

由于 $R \gg e$，因此 e^2 可以略去，则有

$$e = \frac{r_k^2}{2R} \tag{6-2-2}$$

由式(6-2-1)和式(6-2-2)联立可得第 k 级暗环的半径为

$$r_k^2 = kR\lambda \tag{6-2-3}$$

由式(6-2-3)可知，如果单色光源的波长 λ 已知，只需测出第 k 级暗环的半径 r_k，即可算出平凸透镜的曲率半径 R；反之，如果 R 已知，测出 r_k 后，就可计算出入射单色光波的波长 λ。这就是用牛顿环测定曲率半径的原理。但是由于平凸透镜的凸面和光学玻璃平面不可能是理想的点接触，接触压力会引起局部弹性形变，使接触点处成为一个圆形平面，干涉环中心为一暗斑(导致 k 实际值不易确定)；或者空气间隙层中有尘埃等因素的存在使得在光程差公式中附加了一项。为了消除这些影响，可以取两个暗环半径的平方差来消除它，例如第 m 暗环和第 n 暗环，对应半径为 $r_m^2 = mR\lambda$ 和 $r_n^2 = nR\lambda$，两式相减可得

$$r_m^2 - r_n^2 = (m-n)R\lambda \tag{6-2-4}$$

所以透镜的曲率半径为

$$R = \frac{r_m^2 - r_n^2}{(m-n)\lambda} \tag{6-2-5}$$

又因为暗环的中心不易确定，故取暗环的直径计算可表示为

$$R = \frac{D_m^2 - D_n^2}{4(m-n)\lambda} \tag{6-2-6}$$

由式(6-2-6)可知，测出 D_m 与 D_n(分别为第 m 与第 n 条暗环的直径)的值，就能算出 R 或 λ。

【实验仪器】

本实验所用仪器有牛顿环装置(其中透镜的曲率未知)、钠光灯(波长为 589.3 nm)、读数显微镜。

【实验内容与步骤】

(1) 开启钠光灯，使其发出的光(589nm)射到与水平成45°的玻璃片上。

(2) 旋转显微目镜，使能清晰地看到十字叉丝象，转动读数显微镜位置并调节45°玻璃片，使显微镜目镜中视场明亮。

(3) 转动调焦手轮，先将物镜降到靠近牛顿环装置附近，然后缓慢并小心地自上而下调节镜筒，直到目镜中同时看到清晰的叉丝和干涉条纹。

(4) 转动测微鼓轮和目镜，使十字叉丝有一条与镜筒移动方向垂直。

（5）转动测微鼓轮，先使显微镜向左移动，十字叉移动至某暗环外侧，然后逐渐向右测量。依次将各暗环外侧的读数记下，最后给出各暗环的直径。注意一次性读数。

（6）将数据记入表格中，用逐差法处理数据。

【分析思考】

（1）测量暗环直径时尽量选择远离中心的环来进行，为什么？

（2）观察牛顿环中心是暗还是亮，是点还是斑？条纹形状、条纹间距的分布特点是什么？

【数据记录】

实验数据记录表格可参考表 6-2-1。

表 6-2-1　透镜读数

环数	读数/mm		环直径/mm
	左方	右方	
20			
19			
18			
17			
16			
15			
14			
13			
12			
11			

实验 6.3 用双棱镜干涉测光波波长

干涉是光波的重要特征，由于产生相干光的方式不同，一般把光波的干涉分为分波面干涉和分振幅干涉两种。分波面干涉的典型代表是杨氏双缝干涉和菲涅耳双棱镜干涉，其中菲涅耳双棱镜干涉可以通过测量毫米量级的长度，推算出亚微米量级的光波波长，并锻炼学生初步操作光学仪器、调整基本光路的一些技巧。

【实验目的】

（1）掌握用双棱镜获得双光束干涉的方法，加深对干涉条件的理解。
（2）学会用双棱镜干涉测定光波波长。

【实验原理】

如果两列频率相同的光波沿着几乎相同的方向传播，并且它们的相位差不随时间而变化，那么在两列光波相交的区域，光强分布是不均匀的，在某些地方表现为加强，在另一些地方表现为减弱（甚至可能为零），这种现象称为光的干涉。

菲涅耳利用如图 6-3-1 所示的装置，获得了双光束的干涉现象。图中 AB 是双棱镜，它的外形结构：将一块平玻璃板的一个表面加工成两楔形板，端面与棱脊垂直，楔角 A 较小（一般小于 10°）。从单色光源发出的光经透镜 L 会聚于狭缝 S，使 S 成为具有较大亮度的线状光源。从狭缝 S 发出的光，经双棱镜折射后，其波前被分割成两部分，上部分光束向下偏折，下部分光束向上偏折，这两部分光束好像分别是由虚光源 S_1 和 S_2 发出的一样，满足相干光源条件，因此在两束光的交叠区域 P_1P_2 内产生干涉。当白屏 P 离双棱镜足够远时，在屏上可观察到平行于狭缝 S 的、明暗相间的、等间距干涉条纹。

设两虚光源 S_1 和 S_2 之间的距离为 d'，虚光源所在的平面（近似地在光源狭缝 S 的平面内）到观察屏 P 的距离为 d，且 $d' \ll d$，干涉条纹间距为 Δx，则实验所用光源的波长 λ 为

$$\lambda = \frac{d'}{d}\Delta x$$

因此，只要测出 d'、d 和 Δx，就可用公式计算出光波波长 λ。

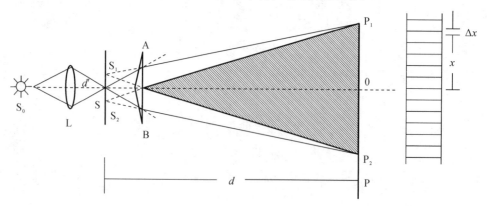

图 6-3-1 双棱镜干涉基本光路

【实验仪器】

本实验所用仪器有光具座、白屏、单色光源、测微目镜、毛玻璃屏、滑块(若干个)、双棱镜、辅助透镜、白屏、凸透镜等。

【实验内容与步骤】

1. 调节共轴

点亮光源,通过透镜 L 照亮狭缝 S,用手执白屏在双棱镜后面检查:经双棱镜折射后的光束,是否形成叠加区 P_1P_2(应更亮些)? 叠加区能否进入测微目镜? 当移动白屏时,叠加区是否逐渐向左、右(或上、下)偏移? 根据观测到的现象,作出判断,进行必要的调节使之共轴。

2. 调节干涉条纹

(1)减小狭缝 S 的宽度,一般情况下,可从测微目镜中观察到不太清晰的干涉条纹。绕系统的光轴缓慢地向左或右旋转双棱镜 AB,当双棱镜的棱脊与狭缝的取向严格平行时,从测微目镜中可观察到清晰的干涉条纹。

(2)在看到清晰的干涉条纹后,为便于测量,将双棱镜或测微目镜前后移动,使干涉条纹的宽度适当。同时只要不影响条纹的清晰度,可适当增加狭缝 S 的缝宽,以保持干涉条纹有足够的亮度(注:双棱镜和狭缝的距离不宜过小,因为减小它们的距离,S_1、S_2 间距也将减小,这对 d' 的测量不利)。

3. 测量与计算

(1)用测微目镜测量干涉条纹的间距 Δx。为了提高测量精度,可测出 n 条(10 ~ 20 条)干涉条纹的间距 x,除以 n,即得 Δx。测量时,先使目镜叉丝对准某亮纹(或暗纹)的中心,然后旋转测微螺旋,使叉丝移过 n 个条纹,读出两次读数。重复测量几次,求出 Δx。

(2)用光具座支架中心间距测量狭缝至观察屏的距离 d。由于狭缝平面与其支架中心不重合,且测微目镜的分划板(叉丝)平面也与其支架中心不重合,所以必须进行修正,以免导致测量结果的系统误差。测量几次,求出 $\bar{d}$。

(3)用透镜二次成像法或者放大法测两虚光源的间距 d'。对于二次成像法说明如下:保持狭缝 S 与双棱镜 AB 的位置不变,即与测量干涉条纹间距 Δx 时的相同,在双棱镜与测微目镜之间放置一已知焦距为 f' 的会聚透镜 L',移动测微目镜使它到狭缝 S 的距离 $d >$ f',然后维持恒定。沿光具座前后移动透镜 L',就可以在 L' 的两个不同位置上从测微目镜中看到两虚光源 S_1 和 S_2 经透镜所成的实像 S_1' 和 S_2',其中一组为放大的实像,另一组为缩小的实像。分别测得两放大像的间距 d_1 和两缩小像的间距 d_2,按下式即可求得两虚光源的间距 d'。多测几次,取平均值 $\bar{d'}$。

$$d' = \sqrt{d_1 d_2}$$

(4)用所测得的 $\Delta \bar{x}$、$\bar{d'}$、$\bar{d}$ 值,代入波长公式,求出光源的波长 λ。

(5)计算波长测量值的标准不确定度。

【注意事项】

（1）在测量 d 值时，因为狭缝平面和测微目镜的分划板平面均不与光具座滑块的读数准线（支架中心）共面，因此必须加以相应的修正。

（2）测量 d_1、d_2 时，由于透镜像差的影响，将引起较大误差，可在透镜 L' 上加一直径约 1 cm 的圆孔光阑（用黑纸自制）以增加 d_1、d_2 测量的精确度。（可对比一下加和不加光阑的结果）

（3）最佳测量条件的选择：可以尝试选择焦距不同的凸透镜放入光路中，重复相关实验步骤，分别记录此时大小像的 d_1、d_2，选取其中 d_1、d_2 值最为接近的一组数据。

【分析思考】

（1）为什么狭缝宽度较大时干涉条纹消失？

（2）为什么狭缝方向必须与双棱镜的棱边平行才能看到干涉条纹？

（3）如果双棱镜反面安放，则对实验结果有何影响？

【数据记录】

实验数据记录表格可参考表 6-3-1。

表 6-3-1　d、Δx、d' 测量数据

读数/mm	1	2	3	平均值
d				
Δx				
d'				

实验 6.4　迈克尔逊干涉仪的调整和使用

迈克尔逊干涉仪是 1883 年美国物理学家迈克尔逊和莫雷合作，为研究"以太"漂移而设计制造出来的精密光学仪器。它利用分振幅法产生双光束以实现干涉。通过调整该干涉仪，可以产生等厚干涉条纹，也可以产生等倾干涉条纹。其主要用于精密测量光波波长、微小长度、气体或者液体的折射率等。迈克尔逊于 1907 年获诺贝尔物理学奖。迈克尔逊干涉仪的基本原理已经被推广到许多方面，广泛应用于生产和科学研究领域。

【实验目的】

(1) 了解迈克尔逊干涉仪的工作原理，掌握其调整方法。

(2) 观察等倾干涉、等厚干涉现象。

(3) 测量半导体激光或者氦氖激光的波长。

【实验原理】

1. 迈克尔逊干涉仪的原理光路图

如图 6-4-1 所示，从光源 S 发出的一束光经分光板 G_1 的半透半反分成两束光强近似相等的光束 1 和 2，由于 G_1 与反射镜 M_1 和 M_2 均成 $45°$，所以反射光 1 近于垂直地入射到 M_1 后经反射沿原路返回。然后透过 G_1 而到达 E，透射光 2 在透射过补偿板 G_2 后近于垂直地入射到 M_2 上，经反射后也沿原路返回，在分光板后表面反射后到达 E，与光束 1 相遇而产生干涉。由于 G_2 的补偿作用，使得两束光在玻璃中走的光程相等，因此计算两束光的光程差时，只需考虑两束光在空气中的几何路程差即可。

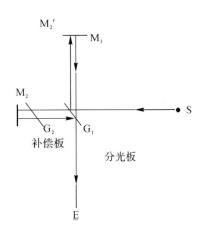

图 6-4-1　迈克尔逊干涉仪原理光路图

从观察位置 E 处向分光板 G_1 看去，除直接看到 M_1 外还可以看到 M_2 被分光板反射的像，在 E 处看光线好像是由 M_1 和 M_2' 反射而来的，因此干涉仪所产生的干涉条纹和由平面 M_1 与 M_2' 之间的空气薄膜所产生的干涉条纹是完全一样的，这里 M_2' 仅是 M_2 的像，M_1 与 M_2' 之间所夹的空气层可以任意调节，如使 M_1 与 M_2' 平行(夹层为空气平板)、不平行(夹层为空气劈尖)、相交(夹层为对顶劈尖)，甚至完全重合，这为讨论干涉现象提供了极大的方便，也是本仪器的长处之一。迈克尔逊干涉仪的长处之二是可以把两束相干光相互分离得很远，这样就可以在任一一支光路里放进被研究的东西，通过干涉图像的变化研究物质的某些物理特性，如气体折射率、透明薄板厚度等。

2. 干涉花样的形成

1) 等倾干涉

等倾干涉原理光路图如图 6-4-2 所示。调节 M_1 与 M_2 垂直，则 M_1 与 M_2' 平行。设

M_1 与 M_2' 相距为 d，如图所示，当入射光以 i 角入射，经 M_1、M_2' 反射后成为互相平行的两束光 1 和 2，它们的光程差为

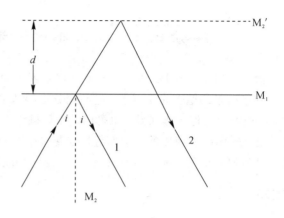

$$\Delta L = 2d\cos i \qquad (6-4-1)$$

上式表明，当 M_1 与 M_2' 间的距离 d 一定时，所有倾角相同的光束具有相同的光程差，它们将在无限远处形成干涉条纹，若用透镜会聚光束，则干涉条纹将形成在透镜的焦平面上，这种干涉条纹为等倾干涉条纹，其形状为明暗相间的同心圆，其中第 k 级亮条纹形成的条件为

图 6-4-2 等倾干涉原理光路图

$$2d\cos i = k\lambda (k=1,2,3,\cdots) \qquad (6-4-2)$$

式中，λ 是入射的单色光波长。

由式 (6-4-2) 可知，若 d 一定，则 i 角越小，$\cos i$ 越大，光程差 ΔL 也越大，干涉条纹级次 k 也越高。但 i 越小，形成的干涉圆环直径越小，同心圆的圆心是平行于透镜主光轴的光线的会聚，对应的入射角 $i=0$，此时两相干光束光程差最大，对应的干涉条纹的级次 (k 值) 最高，从圆心向外的干涉圆环的级次逐渐降低，与牛顿环级次排列正好相反。

再讨论 d 变化时干涉圆环的变化情况，移动 M_1 位置使 M_1 和 M_2' 之间的距离变小，即当 d 变小时，如果我们看到干涉图像中某一级条纹 k_1，则 $2d\cos i = k_1\lambda$。当 d 变小时，为保持 $2d\cos i$ 为一常数，使条纹的级次不变，则 $\cos i$ 必须增大，i 必须减小。随着 i 减小，干涉圆环的直径同步减小，当 i 小到接近 0 时，干涉圆环直径趋近于 0，从而逐渐"缩"进圆中心处，同时整体条纹变粗、变稀，反之，当干涉圆环直径增大时，会看到干涉圆环自中心处不断"冒"出，并向外扩张，条纹整体变细、变密。

每"冒"出或"缩"进一个干涉圆环，相应的光程差改变了一个波长，也就是 M_1 和 M_2' 之间的距离 d 变化了半个波长。若观察到视场中有 ΔN 个干涉条纹的变化 ("冒"出或"缩"进)，则 M_1 和 M_2' 之间的距离发生变化，显然有

$$\Delta d = \frac{\lambda \Delta N}{2} \qquad (6-4-3)$$

由式 (6-4-3) 可知，若入射光的波长 λ 已知，而且数出干涉环"缩"或"冒"的个数，就能算出动镜移动的距离，这就是使用干涉现象在迈克尔逊干涉仪上精确测量长度的原理，这里是以光波为尺度来测量长度变化的，其测量精度之高可想而知。反之，若能测出移动距离 (可从迈克尔逊干涉仪上直接读出)，数出干涉环变化数，就能间接测定单色光波长。在实际观察干涉条纹时，并不一定要用凸透镜会聚，直接用眼就能看到干涉条纹。

2) 等厚干涉

当 M_1 与 M_2 两反射镜不严格垂直时，则 M_1 与 M_2' 的平面有一很小的夹角，形成一个楔形的空气薄膜，如图 6-4-3 所示。该空气薄膜相当于楔形膜的作用，于是反射镜 M_1 的表面附近产生等厚干涉条纹。经过 M_1 与 M_2' 两反射镜反射的两束光的光程差仍可近似地用

$\Delta L = 2d\cos i$ 表示。在 M_1 与 M_2' 的相交处 $\Delta L = 0$，光程差为零，看到的是一条直条纹，在相交线附近。由于 d 很小，因此 $\cos i$ 近似为 1，则光程差主要取决于 d 的变化，因而看到的是平行于交线的直条纹。在远离相交线处，d 值逐渐增大，由光线入射角 i 的变化给光程差带来的影响不能忽略，则干涉条纹变成弧线。

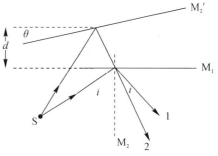

图 6 - 4 - 3　等厚干涉原理光路图

【实验仪器】

本实验主要仪器有平台式迈克尔逊干涉仪。

【实验内容和步骤】

1．调整迈克尔逊干涉仪

（1）打开电源开关点燃激光器，使光源较强且均匀的光入射到分光板上。

（2）调节粗动手轮，移动反射镜 M_1，使 M_1 到分光板的距离 M_1G_1 与 M_2G_1 接近。

（3）使激光束大致垂直于 M_2，移开毛玻璃屏，可看到两排激光光点，每排都有几个光点，调节 M_2 背面的 3 个螺丝，使两排中两个最亮的光点重合。如果经调节，两排中两个最亮的光点难以重合，则可略调一下镜背面的螺丝，直至其完全重合为止，这时 M_1 与 M_2 处于相互垂直状态，M_1 与 M_2' 相互平行，安放好毛玻璃屏，至此迈克尔逊干涉仪的光路系统调整完毕。

2．观察等倾干涉条纹

（1）观察屏上出现的圆形条纹。

（2）仔细调节 M_2 的两个微动螺丝，使干涉条纹变粗，曲率半径变大，旋动微动手轮，观察干涉环的"冒""缩"现象，记录等倾干涉图像的特点。

3．测量激光的波长

（1）调节读数装置，将粗动手轮沿某一方向（如顺时针方向）旋转至某刻度处，然后以同方向转动微动手轮，此时可以观察到条纹的吞吐现象。先将微动手轮转动到零点，然后再将条纹中心调整为暗条纹，此位置记录为初始位置。以后测量时转动微动手轮仍以同一方向移动 M_1，记下 M_1 的初始位置。

（2）在屏上选定某一点作为参考点，每经过该点 50 条干涉条纹记一次 M_1 的位置（也可按每"冒"出或"缩"进 50 个干涉环记一次 M_1 的位置）。沿同方向转动微动手轮，连续记录 M_1 的位置 8 次（在此过程中，微动手轮的转向不变）。由公式 $\lambda = 2\Delta d / \Delta N$，用逐差法计算激光光源的波长。

4．观察等厚干涉现象（选做）

【注意事项】

（1）迈克尔逊干涉仪是精密光学仪器，使用前必须先要清楚使用方法，然后再手动调节。

（2）各镜面必须保持清洁，严禁用手触摸，也不要用手帕擦拭。

（3）勿用眼睛直视激光。

（4）粗动、微动手轮有较大的反向空程，为得到正确的测量结果，避免转动手轮时引起空程。使用时应始终向同一方向旋转，如果需要反向测量，应重新调整零点。

（5）调节 M_1 和 M_2 镜面螺丝要慢而轻。

【分析思考】

迈克尔逊干涉仪上的干涉环与读数显微镜下的牛顿环在干涉类型、环纹形状、干涉级次、环纹中心处有何异同？

【数据记录】

实验数据记录表格可参考表 6 - 4 - 1。

表 6 - 4 - 1 M_1 的位置

位置/mm	d_1	d_2	d_3	d_4	d_5	d_6	d_7	d_8

实验 6.5　阿贝折射仪测定介质折射率

折射率是透明材料的一个重要光学常数。测定透明材料折射率的方法很多，如全反射法和最小偏向角法。最小偏向角法具有测量精度高、被测折射率的大小不受限制、不需要已知折射率的标准试件而能直接测出被测材料的折射率等优点。全反射法具有测量方便快捷、对环境要求不高、不需要单色光源等特点。然而，因全反射法属于比较测量，其测量准确度不高(大约 $\Delta n = 3 \times 10^{-4}$)，因此被测材料的折射率的大小受到限制(约为 $1.3 \sim 1.7$)，且对固体材料还需制成试件。尽管如此，在一些精度要求不高的测量中，全反射法仍被广泛使用。

阿贝折射仪就是根据全反射原理制成的一种专门用于测量透明或半透明液体和固体折射率及色散率的仪器，它还可用来测量糖溶液的含糖浓度。它是石油化工、光学仪器、食品工业等有关工厂、科研机构及学校的常用仪器。

【实验目的】

(1) 加深对全反射原理的理解，掌握用掠入射方法测定液体折射率。
(2) 了解阿贝折射仪的结构和测量原理，熟悉其使用方法。
(3) 测定待测液体的折射率。

【实验原理】

阿贝折射仪是测量物质折射率的专用仪器，它能快速而准确地测出透明、半透明液体或固体材料的折射率(测量范围一般为 $1.3 \sim 1.7$)，它还可以与恒温、测温装置连用，测定折射率与温度的变化关系。

阿贝折射仪的光学系统由望远系统和读数系统组成，如图 6-5-1 所示。

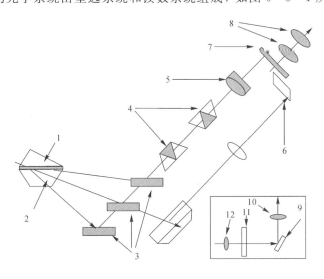

1—进光棱镜；2—折射棱镜；3—摆动反射镜；4—消色散棱镜组；5—望远物镜组；6—平行棱镜；　7—分划板；8—目镜；9—读数物镜；10—反射镜；11—刻度板；12—聚光镜

图 6-5-1　望远系统和读数系统光路图

（1）望远系统。在进光棱镜 1 与折射棱镜 2 之间有一微小均匀的间隙，被测液体就放在此空隙内。当光线（自然光或白炽灯）射入进光棱镜 1 时便在磨砂面上产生漫反射，使被测液层内有各种不同角度的入射光，经折射棱镜 2 产生一簇折射角均大于某特定值的光线。由摆动反射镜 3 将此束光线射入消色散棱镜组 4，此消色散棱镜组是由一对等色散阿米西棱镜组成，其作用是可获得一可变色散来抵消由于折射棱镜对不同被测物体所产生的色散。再由望远物镜镜组 5 将此明暗分界线成像于分划板 7 上，分划板上有十字分划线，通过目镜 8 能看到如图上部分所示的像。

（2）读数系统。光线经聚光镜 12、照明刻度板 11（刻度板 11 与摆动反射镜 3 连成一体同时绕刻度中心作回转运动），通过反射镜 10、读数物镜 9、平行棱镜 6 将刻度板上不同部位折射率示值成像于分划板 7 上（如图 6-5-2 所示）。

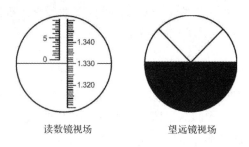

读数镜视场　　　　　　　　望远镜视场

图 6-5-2　读数示意图

这样一套系统建立了待测液体折射率和刻度盘上折射率二者之间的对应关系。

在图 6-5-2 中，读数镜视场中左边为液体折射率刻度，右边为蔗糖溶液质量分数（0～95%，刻度）。

阿贝折射仪是根据全反射原理设计的，有透射光（掠入射）与反射光（全反射）两种使用方法。若待测物为透明液体，则一般用透射光即掠入射方法来测量其折射率 n_x。

阿贝折射仪中的阿贝棱镜组由两个直角棱镜组成，一个是进光棱镜，它的弦面是磨砂的，其作用是形成均匀的扩展面光源；另一个是折射棱镜。待测液体（$n_x < n$）夹在两棱镜的弦面之间，形成薄膜，如图 6-5-3 所示。

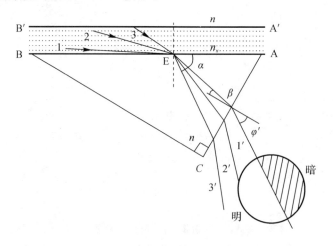

图 6-5-3　阿贝棱镜示意图

光先射入进光棱镜，由其磨砂弦面 $A'B'$ 产生漫射光穿过液层进入折射棱镜（图中 ABC）。因此到达液体和折射棱镜的接触面（AB 面）上任意一点 E 的诸光线（如 1、2、3 等）具有各种不同的入射角，最大的入射角是 $90°$。这种方向的入射称为掠入射。对不同方向入射光中的某条光线，设它以入射角 i 射向 AB 面，经棱镜两次折射后，从 AC 面以 φ' 角出射，若 $n_x < 2$，则由折射定律得

$$n_x \sin i = n \sin \alpha \qquad (6-5-1)$$

$$n \sin \beta = \sin \varphi' \qquad (6-5-2)$$

式中，α 为 AB 面上的折射角；β 为 AC 面上的入射角。棱镜顶角 A 与 α 角及 β 角的关系为

$$A = \alpha + \beta$$

则把 $\alpha = A - \beta$ 代入式（6-5-1）得

$$n_x \sin i = n \sin(A - \beta) = n(\sin A \cos \beta - \cos A \sin \beta) \qquad (6-5-3)$$

由式（6-5-2）得

$$n^2 \sin^2 \beta = \sin^2 \varphi'$$

即

$$n^2(1 - \cos^2 \beta) = \sin^2 \varphi'$$

$$n^2 - n^2 \cos^2 \beta = \sin^2 \varphi'$$

则

$$\cos \beta = \sqrt{\frac{(n^2 - \sin^2 \varphi')}{n^2}} \qquad (6-5-4)$$

将式（6-5-4）代入式（6-5-3），结合式（6-5-2）可得

$$n_x \sin i = \sin A \sqrt{n^2 - \sin^2 \varphi'} - \cos A \sin \varphi'$$

从图 6-5-3 可以看出，掠入射时，有 $\sin i \to 1$，$\sin \varphi' \to \sin \varphi$，则式（6-5-4）变为

$$n_x = \sin A \sqrt{n^2 - \sin^2 \varphi} - \cos A \sin \varphi \qquad (6-5-5)$$

因此，若折射棱镜的折射率 n、折射顶角 A 已知，则只要测出出射角 φ，即可求出待测液体的折射率 n_x。若 A 为直角，则

$$n_x = \sqrt{n^2 - \sin^2 \varphi} \qquad (6-5-6)$$

阿贝折射仪标出了与 φ 角对应的折射率值，测量时只要使明暗分界线与望远镜叉丝交点对准，就可从视场中折射率刻度直接读出 n_x 值。

【实验仪器】

本实验所用仪器有 WAY 阿贝折射仪、标准玻璃块一块，折射率液（溴代萘）一瓶，待测液（自来水、酒精、糖溶液）、滴管、脱脂棉及擦镜纸等。

【实验内容和步骤】

1. 测定液体的折射率

（1）用脱脂棉蘸酒精或乙醚将进光棱镜和折射棱镜擦拭干净，干燥后使用。避免因残留其他物质，影响测量结果。

（2）用滴管将少许待测液滴在折射棱镜的表面上，并将进光棱镜盖上，旋紧棱镜锁，待

测液在中间形成一层均匀无气泡的液膜。

（3）旋转折射率刻度调节手轮，在望远镜视场中观察明暗分界线的移动，使之大致对准十字叉丝的交点。然后旋转阿米西棱镜手轮，消除视场中出现的色彩，使视场中只有黑、白两色。

（4）再次微调手轮，使明暗分界线正对十字线中心。此时，目镜视场中折射率刻度示值即为被测液体的折射率。

（5）分别测定自来水、酒精和糖溶液的折射率。

2. 测定透明固体折射率

测量透明固体的折射率步骤与前面测定液体的折射率步骤基本一致，同样是先校准，然后测量待测透明固体的折射率，如透明塑料板等。

【注意事项】

（1）使用仪器前应先检查进光棱镜的磨砂面、折射棱镜及标准玻璃块的光学面是否干净，如有污迹，则应用蘸有酒精或乙醚的脱脂棉擦拭干净。

（2）用标准块校准仪器读数时，所用折射率液不宜太多，使折射率液均匀布满接触面即可。过多的折射率液易堆积于标准块的棱尖处，既影响明暗分界线的清晰度，又容易造成标准块从折射棱镜上掉落而损坏。

（3）在加入的折射率液或待测液中，应防止留有气泡，以免影响测量结果。

（4）读取数据时，首先沿正方向旋转棱镜转动手轮（如向前），调节到位后，记录一个数据。然后继续沿正方向旋转一小段后，再沿反方向（向后）旋转棱镜转动手轮，调节到位后，再记录一个数据。取两个数据的平均值为一次测量值。

【分析思考】

（1）应用掠入射方法测定材料折射率的方法是如何实现的？
（2）举例说明其他测定材料折射率的方法，并分析不同方法之间的区别。

【数据记录】

实验数据记录表格可参考表 6-5-1。

表 6-5-1　测定某液体的折射率

次　数 ＼ 内　容	自来水折射率	酒精折射率	糖溶液折射率
1			
2			
3			
...	...	...	...

实验 6.6 分光计的调节和三棱镜折射率的测定

分光计是精确测定光线偏转角的仪器,也称测角仪。光学中的许多基本量,如波长、折射率等都可以直接或者间接地表现为光线的偏振角,因而利用分光计可测量波长、折射率等。使用分光计时必须经过一系列的严格调整才能得到较为准确的结果,它的调整技术是光学实验中的基本技能之一,需要正确掌握。

【实验目的】

(1) 了解分光计的结构,掌握调节和使用分光计的方法。
(2) 了解测定棱镜顶角的方法。
(3) 用最小偏向角法测定棱镜玻璃的折射率。

【实验原理】

分光计在几何光学实验中,主要用来测定棱镜角、光束的偏向角等,而在物理光学实验中,分光元件(棱镜、光栅)也可作为分光仪器,用来观察、测量光谱线的波长等。下面以学生型分光计(JJY 型)为例,说明它的结构、工作原理和调节方法。

如图 6-6-1 所示为分光计实物外观图,分光计主要由底座、望远镜、平行光管、载物平台和刻度圆盘等几部分组成,每部分均有特定的调节螺钉。

图 6-6-1 分光计(JJY 型)的外观图

1. 分光计的安装

(1) 分光计的底座要求平稳而坚实。在底座的中央固定着中心轴,望远镜、刻度盘和游标内盘套在中心轴上,可以绕中心轴旋转。

(2) 平行光管固定在底座的立柱上,它是用来产生平行光的。其一端装有消色差的汇聚透镜,另一端装有狭缝的圆筒,狭缝的宽度根据需要可在 0.02 mm ~ 2 mm 范围内调节。

(3) 望远镜安装在支臂上,支臂与转座固定在一起,套在主刻度盘上,它是用来观察目标和确定光线的传播方向的。一般是将刻度盘的 0°线置于望远镜下,可以避免在测角度时,0°线通过游标引起的计算上的不便。

(4) 望远镜和载物平台的相对方位可由刻度盘上的读数确定。主刻度盘上有 0°~360°的圆刻度,分度值为 30′。为了提高角度测量精密度,在内盘上相隔 1800 设有两个游标,游标上有 30 个分格,它和主刻度盘上 29 个分格相当,因此分度值为 1′。读数方法与游标卡尺的游标原理相同(该处称为角游标)。记录测量数据时,为了消除刻度盘的刻度中心和仪器转动轴之间的偏心差,必须同时读取两个游标的读数。

2. 分光计的调节

分光计用于在平行光中观察有关现象和测量角度,因此应达到以下 3 个要求:平行光管发出平行光;望远镜能接受平行光;望远镜、平行光管的光轴垂直于仪器公共轴。

1)调节望远镜和载物平台

(1)目镜调焦,这是为了使眼睛通过目镜能清楚地看到分划板上的刻线。

(2)调节望远镜对平行光聚焦。

(3)调整望远镜光轴与仪器主轴垂直。

2)调整平行光管发出平行光并垂直于仪器主轴

调整平行光实质是将被照明的狭缝调到平行光管物镜的焦平面上,物镜将出射平行光。

调整方法是:取下平面镜,关掉目镜照明光源,将狭缝对准照明光源,使望远镜转向平行光管方向,在目镜中观察狭缝的像,沿轴向移动狭缝套筒,直到像清晰,这表明光管已发出平行光。

再将狭缝转向横向(水平),调节螺钉,将狭缝的像调到中心横线上,这表明平行光管光轴已与望远镜光轴共线,所以也垂直于仪器主轴。最后,将狭缝调成竖直。

3. 用最小偏向角法测定三棱镜的折射率

如图 6-6-2 所示,一束单色光以 i_1 角入射到 AB 面上,经棱镜两次折射后,从 AC 面折射出来,出射角为 i_2'。入射光和出射光的夹角 δ 称为偏向角。当棱镜顶角 A 一定时,偏向角 δ 的大小随入射角 i_1 的变化而变化。而当 $i_1 = i_2'$ 时,δ 为最小,此时的偏向角称为最小偏向角,记为 $\delta_{\min}$。

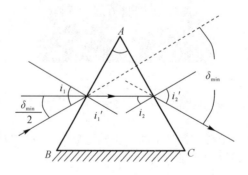

图 6-6-2 三棱镜最小偏向角

此时 $i_1' = \dfrac{A}{2}$,有

$$\frac{\delta_{\min}}{2} = i_1 - i_1' = i_1 - \frac{A}{2} \qquad\qquad (6-6-1)$$

得

$$i_1 = \frac{1}{2}(\delta_{\min} + A) \qquad\qquad (6-6-2)$$

设棱镜折射率为 n，由折射定律得

$$\sin i_1 = n\sin i_1' = n\sin \frac{A}{2} \qquad (6-6-3)$$

所以有

$$n = \frac{\sin i_1}{\sin \frac{A}{2}} = \frac{\sin \frac{\delta_{\min} + A}{2}}{\sin \frac{A}{2}} \qquad (6-6-4)$$

由此可知，要求得棱镜的折射率 n，必须测出其顶角 A 和最小偏向角 $\delta_{\min}$。

【实验仪器】

本实验所用仪器有分光计、钠灯、三棱镜、双面平面镜。

【实验内容与步骤】

（1）调整分光计，使其处于工作状态。

（2）使三棱镜的光学表面垂直于望远镜光轴。

（3）测棱镜顶角（此时不需要钠灯）。

对两游标作一适当标记，分别称左游标和右游标，在记录数据时，切勿颠倒。扭紧刻度盘下螺钉，望远镜和刻度盘固定不动，转动游标盘（或者，固定游标盘使望远镜带动刻度盘转动，总之是为了记录游标盘和刻度盘之间的相对转动角度），使棱镜的 AC 面正对望远镜，分别记下左、右游标的读数 θ_1 和 θ_2。再转动游标盘，使棱镜的 AB 面正对望远镜，再分别记下左、右游标的读数 θ_1' 和 θ_2'。同一游标两次读数之差 $|\theta_1 - \theta_1'|$ 或 $|\theta_2 - \theta_2'|$，即是载物台转过的角度 Φ，所以 $\Phi = (|\theta_1 - \theta_1'| + |\theta_2 - \theta_2'|)/2$，而 Φ 是 A 角的补角，即

$$A = \pi - \Phi \qquad (6-6-5)$$

反复测量 3 次，数据填入表中。

（4）测三棱镜的最小偏向角。

【注意事项】

（1）安置游标位置时要考虑具体实验情况，为读数方便，尽可能在测量中让刻度盘的 00 线不通过游标。

（2）记录与计算角度时，左右游标分别进行，防止混淆、算错角度。

【分析思考】

（1）为什么分光计有两个游标刻度？

（2）当平行光管的狭缝很宽时，对测量有什么影响？

（3）如何找到偏向角最小时的三棱镜位置？

【数据记录】

实验数据记录表格可参考表 6-6-1。

表 6 - 6 - 1 测量三棱镜的顶角

次数	位置 I 游标盘读数		位置 II 游标盘读数		$\Phi=\dfrac{(\mid\theta_1-\theta_1'\mid+\mid\theta_2-\theta_2'\mid)}{2}$	$A=\pi-\Phi$
	左 θ_1	右 θ_2	左 θ_1'	右 θ_2'		
1						
2						
3						
4						
5						

实验 6.7　用透射光栅测定光波波长

光栅是重要的分光元件，和棱镜一样，被广泛应用于单色仪、摄谱仪等光学仪器中。普通光栅在结构上是一组数量极大和平行排列的等宽、等距狭缝，应用透射光工作的称为透射光栅，应用反射光工作的称为反射光栅。本实验主要采用透射光栅来进行相关测量。

【实验目的】

（1）加深对光栅分光原理的理解。
（2）使用透射光栅测定光栅常量、光波波长和光栅角色散。
（3）进一步练习分光计的调节和使用。

【实验原理】

如图 6-7-1 所示，设 S 为位于透镜 L_1 物方焦平面上的细长狭缝光源，G 为光栅，光栅上相邻狭缝的间距为 d。自光源 S 射出的光，经透镜 L_1 后，成为平行光且垂直照射于光栅平面 G 上，平行光通过光栅狭缝时产生衍射，凡与光栅法线成 θ 角的衍射光经透镜 L_2 后，会聚于像方焦平面的 P_θ 点，其产生衍射亮条纹的条件为

$$d\sin\theta = k\lambda \tag{6-7-1}$$

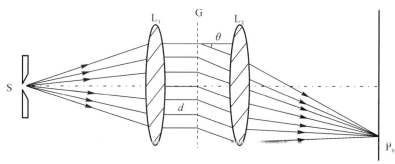

图 6-7-1　光栅衍射示意图

式(6-7-1)称为光栅方程，式中 θ 为衍射角，λ 为光波波长，k 是光谱级数（$k=0$，± 1，± 2，…），d 称为光栅常量。衍射亮条纹实际上是光源狭缝的衍射像，是多条细锐的亮线。当 $k=0$ 时，在 $\theta=0$ 的方向上，各种波长的亮线重叠在一起，形成白色的零级亮线。对于 k 的其他数值，不同波长的亮线出现在不同方向上，形成光谱，此时各波长的亮线称为光谱线。而与 k 的正、负两组值所对应的两组光谱，则对称地分布在零级亮线的两侧，因此，可以根据式(6-7-1)在测定衍射角 θ 的条件下确定 d 和 λ 间的关系（通常考虑 $k=\pm 1$ 时的情形），即只要知道光栅常量 d，就可以求出未知光波波长 λ；反之，当某特征光的波长 λ 为已知时，就可以求出光栅常量 d。这样就为我们进行光谱分析提供了方便而快捷的方法。

式(6-7-1)的推导十分简单，因为 $d\sin\theta$ 就是相邻两狭缝光的光程差，光程差为波长的整数倍时，显然有相干光，干涉会增强，各狭缝的光束增强形成相应波长光波的亮线。此外，光栅多缝衍射干涉的结果还有以下特征：

(1) 亮线位置和狭缝个数无关,其宽度随狭缝个数增加而减小,但强度增大。

(2) 相邻的亮线间有强度非常小的条纹,这些条纹的强度却随狭缝个数增加而迅速减小。

(3) 亮线强度分布保留了单缝衍射的特征,即单缝衍射强度构成衍射亮线的包络。

由光栅方程式(6-7-1)对 λ 微分,可以得到光栅的角色散为

$$D = \frac{\mathrm{d}\theta}{\mathrm{d}\lambda} = \frac{k}{d\cos\theta} \tag{6-7-2}$$

角色散是光栅、棱镜等分光元件的重要参数,它表示分光元件将单位波长间隔的两单色谱线分开的角间距。由式(6-7-2)可知,光栅常量 d 越小,角色散 D 就越大,即光栅能够将不同波长的光分开的角度越大。此外,角色散还随光谱级次的增大而增大。如果衍射角较小,则 $\cos\theta$ 可近似不变,光谱的角色散也就几乎与波长无关了,此时的光谱随波长变化的分布就比较均匀,这和棱镜的不均匀色散有明显的不同。与此相关的另一参数是分光仪器的线色散,它表征仪器将单位波长间隔的两单色谱线分开的线间距,在图6-7-1所示的仪器设置条件下,显然有线色散

$$D_1 = D \cdot f_2 = \frac{k}{d\cos\theta}f_2 \tag{6-7-3}$$

式中,f_2 为透镜 L_2 的焦距。

分辨本领是光栅的又一重要参数,它表征光栅分辨光谱细节的能力。设 λ 和 $\lambda + d\lambda$ 是两种不同光波的波长,经光栅衍射后形成两条刚刚能被分开的谱线,则光栅的分辨本领 R 为

$$R = \frac{\lambda}{d\lambda} \tag{6-7-4}$$

根据瑞利判据,当一条谱线强度的最大值和另一条谱线强度的第一极小值重合时,则可认为两谱线刚能被分辨。由此可以推出

$$R = kN \tag{6-7-5}$$

式中,k 为光栅衍射级次;N 为光栅刻线的总数。以上推导基于光的干涉和衍射理论。

例 某光栅每毫米刻有1000条刻痕,若其总宽度为 5 cm,则由式(6-7-5)可知,在它产生的第一级光栅光谱中,光栅的分辨本领为 50 000。由此可以计算,对于第一级光谱波长在 500 nm 附近,光栅刚能分辨的两谱线的波长差为

$$\Delta\lambda = \lambda/R = 0.01 \text{ nm} \tag{6-7-6}$$

【实验仪器】

本实验所用仪器有分光计、平面透射光栅、汞灯、钠灯等。

【实验内容与步骤】

必做部分

1. 分光计的调节

(1) 调整自准直望远镜,把望远镜调焦到无穷远,以适应平行光。

(2) 调整望远镜的光轴与分光计中心转轴垂直,载物平台与分光计中心转轴垂直。

（3）调整平行光管，使其发出平行光，并使其光轴与分光计转轴垂直。

2. 光栅位置调整

光栅的调整要求是：

（1）光栅面应和入射光垂直，膜面朝入射光方向。

（2）根据衍射角测量的要求，应调节光栅衍射面（光路平面）与观察平面平行。

3. 测光栅常量 d

（1）根据式（6-7-1），只要测出第 k 级光谱中波长 λ，且已知谱线的衍射角 θ，就可以求出 d 值。

已知波长可以用汞灯光谱中的绿线（$\lambda = 546.07$ nm），也可以用钠灯光谱中的二黄线（$\lambda_{D_1} = 589.592$ nm，$\lambda_{D_2} = 588.995$ nm）之一，光谱级次 k 通常用一级。

（2）转动望远镜到光栅的一侧，使叉丝的十字线对准已知波长的谱线，记录两游标值。然后将望远镜转到光栅另一侧，同样对准与前一谱线对称的谱线，记录两游标值，同一游标的两次读数之差就是衍射角 θ 的二倍。

（3）重复测量几次，计算 d 值的平均值。

4. 测量未知波长

由于光栅常量 d 已测出，因此只要测出未知波长第 k 级谱线的衍射角 θ，就可以求出其波长值 λ。本实验中，可以选择汞灯光谱中三条或三条以上的强谱线（亮度较高的谱线）作为测量目标，多次测量它们的衍射角并计算波长，测量方法同上，将测量结果记入表 6-7-1 中。若采用透镜将汞灯光线聚焦在狭缝上，则可以观察并测量较多的谱线。

选做部分

1. 测量光谱的角色散

仍用汞灯为光源，测量其 1 级和 2 级光谱中二黄线的衍射角，二黄线波长间的差 $\Delta\lambda$ 为 2.06 nm，结合测得的衍射角之差 $\Delta\theta = \theta_1 - \theta_2$，由式（6-7-2）求角色散 D_1 和 D_2。

2. 考察光栅的分辨本领

用钠灯作为光源，观察它一级光谱的二黄线，这里是考察光栅的分辨本领，即当二黄线刚能被分辨出时，光栅的刻痕数应限制在多少。

转动望远镜，观察钠光谱的双黄线，在准直管和光栅之间放置一宽度可调的单缝，并使单缝方向和准直管狭缝方向一致，由大到小改变单缝的宽度，直至双黄线刚刚被分辨开，反复试验几次，取下单缝，用移测显微镜测出缝宽 A，则在单缝掩盖下，光栅露出部分的刻痕数 N 应等于 $N = A/d$。由此可求出光栅露出部分的分辨本领 $R = kN$，并与由式（6-7-4）求得的理论值相比较。

【注意事项】

（1）完成光栅位置调节的两项要求后，应重复检查，因为调节后一项时，可能对前一项的已调状况有影响。

（2）光栅调节好以后，在实验中不应移动。

【分析思考】

（1）计算本实验中光栅实际被利用的缝数 N。

（2）分析光栅光谱与棱镜光谱的不同之处。

【数据记录】

实验数据记录表格可参考表 6 - 7 - 1。

表 6 - 7 - 1 测量各谱线的衍射角数据

谱线	$k=1$		$k=-1$		$\theta=\dfrac{(\lvert \theta_1-\theta'_1 \rvert+\lvert \theta_2-\theta'_2 \rvert)}{4}$	$\bar{\theta}$
	左 θ_1	右 θ_2	θ'_1	θ'_2		
绿光 1						
绿光 2						
绿光 3						
紫光 1						
紫光 2						
紫光 3						

实验 6.8　偏振现象的观察与分析

　　1809 年，法国工程师马吕斯在实验中发现了光的偏振现象。对于光的偏振现象的研究，使人们对光的传播(反射、折射、吸收和散射等)规律有了新的认识。特别是近年来利用光的偏振性所开发出来的各种偏振光元件、偏振光仪器和偏振光技术在现代科学技术中发挥了极其重要的作用，如在光调制器、光开关、光学计量、应力分析、光信息处理、光通信、激光和光电子学器件等应用中，都大量使用偏振技术。

【实验目的】

　　(1) 熟悉常用的偏振仪器。

　　(2) 学会验证马吕斯定律。

　　(3) 分析半波片和四分之一波片的作用。

【实验原理】

1. 偏振光的种类

　　光是电磁波，它的电矢量 E 和磁矢量 H 相互垂直，且都垂直于光的传播方向。通常用电矢量代表光矢量，并将光矢量和光的传播方向所构成的平面称为光的振动面。按光矢量的不同振动状态，可以把光分为五种偏振态。

　　(1) 自然光：在与光传播方向垂直的平面内，包含一切可能方向的横振动，即光波的电矢量在任一方向上具有相同的振幅。普通光源发光的是自然光。

　　(2) 线偏振光：在光的传播过程中，只包含一种振动，其振动方向始终保持在同一平面内，这种光称为线偏振光(或平面偏振光)。

　　(3) 部分偏振光：光波包含一切可能方向的横振动，但不同方向上的振幅不等，在两个互相垂直的方向上振幅具有最大值和最小值，这种光称为部分偏振光。自然光和部分偏振光实际上是由许多振动方向不同的线偏振光组成的。

　　(4) 椭圆偏振光：在光的传播过程中，空间每个点的电矢量均以光线为轴做旋转运动，且电矢量端点描出一个椭圆轨迹，这种光称为椭圆偏振光。

　　(5) 圆偏振光：旋转电矢量端点描出圆轨迹的光称圆偏振光，是椭圆偏振光的特殊情形。

　　能使自然光变成偏振光的装置或器件，称为起偏器；用来检验偏振光的装置或器件，称为检偏器。

2. 线偏振光的产生

1) 反射和折射产生偏振

　　根据布儒斯特定律，当自然光以 $i_b = \arctan n$ 的入射角从空气或真空入射至折射率为 n 的介质表面上时，其反射光为完全线偏振光，振动面垂直于入射面，而透射光为部分偏振光，i_b 称为布儒斯特角。

　　如果自然光以 i_b 入射到一叠平行玻璃片堆上时，则经过多次反射和折射最后从玻璃片堆透射出来的光也接近于线偏振光。玻璃片堆数目越多，透射光的偏振度越高。

2）偏振片

偏振片是利用某些有机化合物晶体的"二向色性"制成的。当自然光通过这种偏振片后，光矢量垂直于偏振片透振方向的分量几乎完全被吸收，而平行于透振方向的分量几乎完全通过，因此透射光基本上为线偏振光。

3）双折射产生偏振

当自然光入射到某些双折射晶体（如方解石、石英等）时，经晶体双折射所产生的寻常光（o 光）和非常光（e 光）都是线偏振光。

3. 波晶片

波晶片简称波片，它通常是一块光轴平行于表面的单轴晶片。一束平面偏振光垂直入射到波晶片后，便分解为振动方向与光轴方向平行的 e 光和与光轴方向垂直的 o 光两部分，这两种光在晶体内的传播方向虽然一致，但传播速度并不相同。于是，o 光和 e 光通过波晶片后就产生固定的相位差 φ，即

$$\varphi = \frac{2\pi}{\lambda}(n_e - n_o)l \tag{6-8-1}$$

式中，λ 为入射光的波长；l 为晶片的厚度；n_e 和 n_o 分别是 e 光和 o 光的主折射率。对于某种单色光，产生相位差 $\varphi = (2k+1)\frac{\pi}{2}$ 的波晶片，称为此单色光的四分之一波片；产生相位差 $\varphi = (2k+1)\pi$ 的波晶片，称为半波片；产生相位差 $\varphi = 2k\pi$ 的波晶片，称为全波片。

通常波片用云母片剥离成适当厚度或用石英晶体研磨成薄片。由于石英晶体是正晶体，其 o 光比 e 光的速度快，沿光轴方向振动的光（e 光）传播速度慢，故称光轴为慢轴，与之垂直的方向称为快轴。而对于由负晶体制成的波片，光轴就是快轴。

4. 平面偏振光通过各种波片后偏振态的改变

一束振动方向与光轴成 θ 角的平面偏振光垂直入射到波片上后，会产生振动方向相互垂直的 e 光和 o 光，其 E 矢量大小分别为 $E_e = E\cos\theta$，$E_o = E\sin\theta$，通过波片后，二者产生一附加相位差。离开波片时合成波的偏振性质取决于相位差 φ 和 θ。如果入射线偏振光的振动方向与波片光轴的夹角为 0 或 $\pi/2$，则任何波片对它都不起作用，即从波片出射的光仍旧是原来的线偏振光。而如果 θ 不为 0 或 $\pi/2$，线偏振光通过半波片后，出来的仍然是线偏振光，但它的振动方向将旋转 2θ，即出射光和入射光的电矢量对称于光轴。线偏振光经过四分之一波片后，则可能产生线偏振光、圆偏振光和长轴与光轴垂直或平行的椭圆偏振光，这取决于入射线偏振光振动方向与光轴的夹角 θ。

如果入射平面偏振光的强度为 I_0，通过检偏器之后的光强为 I_θ，则二者满足如下关系：

$$I_\theta = I_0 \cos^2\theta \tag{6-8-2}$$

上述关系称为马吕斯定律，它表示改变 θ 角可以改变透过检偏器的光强。

5. 偏振光的鉴别

鉴别入射光的偏振态需借助于检偏器和四分之一波片。使入射光通过检偏器后，检测其透射光强并转动检偏器：若出现透射光强为零（称为"消光"）现象，则入射光必为线偏振光；若透射光强没有变化，则可能为自然光或圆偏振光（或两者的混合）；若转动检偏器，透

射光强虽有变化但不出现消光现象，则入射光可能是椭圆偏振光或部分偏振光。进一步作鉴别需在入射光与检偏器之间插入一块四分之一波片。若入射光是圆偏振光，则通过四分之一波片后将转变成线偏振光，转动检偏器时就会看到消光现象；否则，就是自然光。若入射光是椭圆偏振光，当四分之一波片的慢轴(或快轴)与被检椭圆偏振光的长轴或短轴平行时，透射光也为线偏振光，于是转动检偏器会出现消光现象；否则就是部分偏振光。

【实验仪器】

本实验所用仪器有光学导轨、光源、半波片、四分之一波片、功率计等。

【实验内容与步骤】

(1) 了解波片的作用。

(2) 验证马吕斯定律，将测量数据填入表 6-8-1 中。

(3) 观察半波片对偏振光的影响。

(4) 观察椭圆偏振光、圆偏振光的产生。

【注意事项】

(1) 不要用手接触光学波片镜面。

(2) 在观察波片对偏振光的作用时，要准确地确定起偏器主截面与波片的夹角。

【分析思考】

(1) 满足马吕斯定律的条件是什么？在本实验中如何实现？

(2) 如何区分自然光和部分偏振光？

【数据记录】

实验数据记录表格可参考表 6-8-1。

表 6-8-1 马吕斯定律的测量数据

$\theta/°$	0	15	30	45	60	75	90
$I_{实}$							
$I_{理}$							

参 考 文 献

[1] 陈毓芳，皱延肃. 北京：物理学史简明教程. 北京：师范大学出版社，2012.

[2] 郭奕玲，沈慧君. 物理学史. 北京：清华大学出版社，2005.

[3] 李宗伟，肖兴华. 天体物理学. 北京：高等教育出版社，2000.

[4] 李尊营. 大学物理实验. 济南：山东人民出版社，2011.

[5] 华北水利水电实验室. 大学物理实验. 北京：科学出版社，2015.

[6] 李平，唐曙光，陆兴中. 北京：高等教育出版社，2008.

[7] 菲利普·贝尔顿. 物理科学中的数据处理和误差分析. 桂林：广西师范大学出版社，2006.

[8] 约翰·泰勒. 误差分析导论. 北京：高等教育出版社，2015.

[9] 王铁云. 大学物理实验教程. 北京：北京师范大学出版社，2011.

[10] 李学慧. 大学物理实验. 北京：高等教育出版社，2005.

[11] 杨述武，孙迎春，沈国土. 普通物理实验1. 北京：高等教育出版社，2015.